AF249990

BREGUET

39, QUAI DE L'HORLOGE, PARIS

CATALOGUE ILLUSTRÉ

APPAREILS ET MATÉRIAUX
POUR LA TÉLÉGRAPHIE ÉLECTRIQUE
INSTRUMENTS DIVERS
ÉLECTRICITÉ — PHYSIQUE MÉCANIQUE — MÉTÉOROLOGIE
PHYSIOLOGIE

ETC., ETC.

PARIS, 1873

BREGUET

CATALOGUE ILLUSTRÉ

Récepteur Morse à encre, avec réglage de l'électro-aimant (page 24)

PARIS. — IMP. SIMON RAÇON ET COMP., RUE D'ERFURTH, 1.

BREGUET

39, QUAI DE L'HORLOGE, PARIS

———◇———

CATALOGUE ILLUSTRÉ

APPAREILS ET MATÉRIAUX

POUR LA TÉLÉGRAPHIE ÉLECTRIQUE

INSTRUMENTS DIVERS

ÉLECTRICITÉ — PHYSIQUE MÉCANIQUE — MÉTÉOROLOGIE

PHYSIOLOGIE

ETC., ETC.

PARIS, 1873

Wir haben die Preise in Œsterreichischen Gulden eingetragen.
Bemerken sie dass :

1 Gulden Œsterr-Währung = 1 Gulden 10 Kreuzer Süddeutscher-Währung.

PREMIÈRE PARTIE

TÉLÉGRAPHIE

PILES — BATTERIES — BATTERIEN

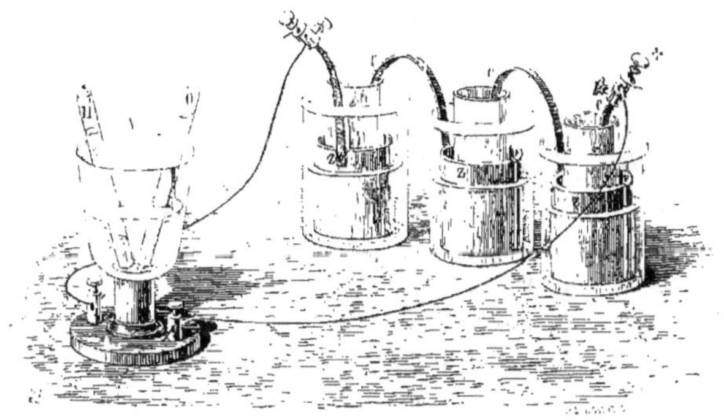

Fig. 3.

Pile Daniell (fig. 3), l'élément. 1 50
Daniell's battery, per cell. . . . .   £ 0. 1. 3
DANIELL'SCHE BATTERIE, EIN ELEMENT. . . . .   0 fl. 60 kr.

        L'élément est composé de :

Un vase de verre. — *Glass cell.* — GLAS. 0 35
Un vase poreux. — *Porous cell.* — THONCYLINDER. . .   0 25
Un cylindre de zinc avec queue de cuivre. — *Zinc and*
   copper. — ZINK UND KUPFER. 0 90

Pile Daniell à ballon (fig. 4), l'élément. . . . . ,   3 00
Balloon battery, per cell. . . . .   £ 0. 2. 6
BALLON ELEMENT, EIN STÜCK. . . . .   1 fl. 20 kr.

Fig. 4.

L'élément est composé de :

Un vase de verre. — *Glass cell.* — Glas	0 60
Un vase poreux. — *Porous cell.* — Thoncylinder	0 25
Un cylindre de zinc avec queue de cuivre. — *Zinc and copper,* — Zink und kupfer	0 90
Un ballon avec bouchon et tube de gutta-percha. — *Glass balloon.* — Ballon	1 00
Un support de bois pour le ballon. — *Wooden support.* — Holzträger	0 25

Pile Callaud, modèle du chemin de fer d'Orléans (pile Daniell sans vase poreux), l'élément	1 50
Callaud battery (Daniell without porous cell), per element.	£ 0. 1. 5
Callaud'sche batterie (Daniell ohne thonzelle) ein element.	0 fl. 60 kr.

Sulfate de cuivre. — *Sulphate of copper.* — Kupfer vitriol. Le kilog.	1 00

Pile Marié Davy (fig. 5), l'élément	1 50
Sulphate of mercury battery, per cell.	£ 0. 1. 5
Quecksilberbatterie, ein element.	0 fl. 60 kr.

L'élément est composé de :

Un vase de verre. — *Glass cell.* — Glas	0 20
Ou de gutta-percha	1 50

Un vase poreux. — *Porous cell.* — Thongylinder. . . 0 15
Un cylindre de zinc avec charbon. — *Zinc and car-*
  bon. — Zink und kohle. 1 15

Sulfate de Mercure. — *Sulphate of mercury.* — Schwefel-
  säure quecksilber oxydul. Le kilog. 12 00

Pile Bunsen pour la lumière électrique (fig. 5), l'élément. 6 00
Bunsen's battery for electric light, per cell. . . . . £ 0. 4. 10
Bunsen'sche batterie, für elektrisches licht, ein element. 2 fl. 40 kr.

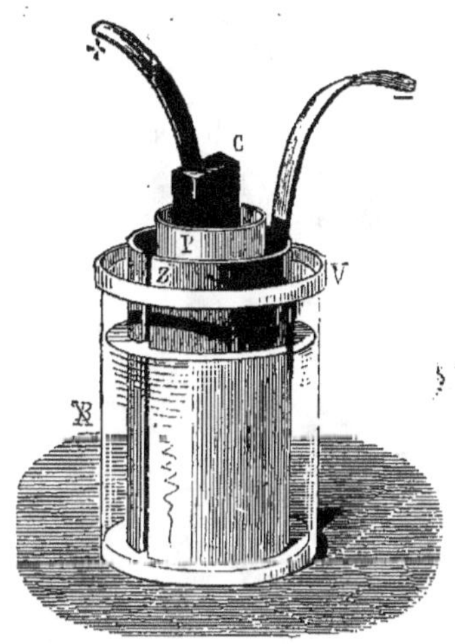

Fig. 5

L'élément est composé de :
Un vase de grès de 14 cent. de haut. — *Stone jar.* . 0 90
Un vase poreux de 18 cent. de haut. — *Porous cell.* 0 75
Un charbon de 20 cent. de haut. — *Carbon plate.* —
  Kohlenplatte. 1 20
Un zinc. — *Zinc cylinder.* — Zink cylinder. . . . 1 90
Une presse à pile à deux fins. — *Double binding*
  screw. — Kohlen und zink endpolklemme. 1 25
Acide nitrique à 36°. — *Nitric acid.* — Salpeter
  säure. Le kilog. . . . . . . , ... 0 75
Acide sulfurique. — *Sulphuric acid.* — Schwefel-
  säure. Le kilog. 0 25

Éléments zinc et charbon, des chemins de fer suisses, sans
  vases poreux électrodes de 10×4 cent. se chargeant
  avec du sel marin, l'un. 2 00

*Zinc and carbon battery, in use on the Swiss Railways,
with no porous cell, electrodes of 10×4 centim. to be
charged with a solution of common salt, per cell.* . . . £ 0. 1. 8

ZINK-KOHLEN ELEMENTE DER SCHWEIZERISCHE, EISENBAHNEN,
OHNE THONZELLE, ELECTRODEN VON 10×4 CMTR. MIT SALZ-
LÖSUNG GEFÜLLT, EIN STÜCK. . . . . 0 fl. 80 kr.

Éléments au bichromate de potasse, forme bouteille ou
éléments Grenet, se chargeant avec le mélange indiqué
par M. Poggendorff.

5 parties de bichromate de potasse,
4 parties d'acide sulfurique,
18 parties d'eau,

ou le mélange indiqué par MM. Wöhler et Buff.

12 parties de bichromate de potasse,
25 parties d'acide sulfurique du commerce,
100 parties d'eau.

modèle de 15 cent. de haut.	5 00
— de 20 — — . . . . , ...	11 00
— de 25 — —	15 50
— de 30 — —	16 00
— de 40 — —	25 00

Bichromate of potash battery.

15 cent. high.	£ 0. 4. 0
20 — —	0. 8. 10
25 — —	0. 10. 10
30 — —	0. 12. 10
40 — —	1. 0. 0

FLASCHEN ELEMENT (CHROM BATTERIE).

15 CMTR. HOCH	2 fl. 00 kr.
20 — —	4 40
25 — —	5 60
30 — —	6 40
40 — —	10 00

Les éléments Bunsen, les éléments suisses et les éléments
Grenet peuvent indifféremment se charger avec une solution de sel marin, avec de l'eau acidulée à l'acide sulfurique ou avec les mélanges au bichromate indiqués
ci-dessus.

Bichromate de potasse. Le kilog.	3 50
Bichromate of potash. —	£ 0. 2. 10
CHROMSÄURES KALI. . . . —	1 fl. 40 kr.

Pile Léclanché (fig. 126), grand modèle, l'élément. . .   5 00
Leclanché battery (large size), per cell. . . . .   ₤ 0. 3. 6
LECLANCHÉ'SCHE BATTERIE (GROSSES MODEL), EIN ELEMENT. . .   2 fl. 00 kr.

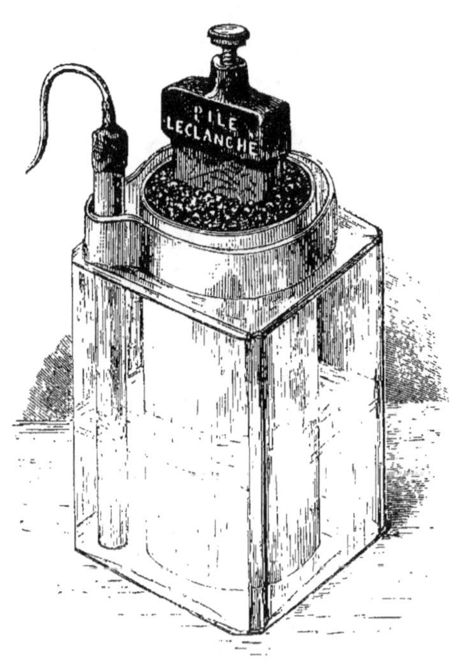

Fig. 126.

L'élément est composé de :

Un vase de verre carré. — *Glass cell.* — GLAS.. . . . .   0 70
Un vase poreux de 14 c. de haut chargé, et un pôle
  de charbon. — *Porous cell with carbon pole and
  bioxyde of manganese.* — THONZELLE MIT KOHLEN
  POL UND BRAUNSTEIN. 3 50
Un bâton de zinc. — *Zinc.* — ZINK. 0 50
100 grammes de sel ammoniac. — *Sal ammoniac.* —
  SALMIAK. 0 50

Pile Leclanché, petit modèle, l'élément. 4 00
Leclanché battery, small size per cell. . . . .   ₤ 0. 3. 5
LECLANCHÉ'SCHE BATTERIE, KLEINERES MODELL, EIN ELEMENT .   1 fl. 60 kr.

L'élément est composé de :

Un vase de verre. 0 60
Un vase poreux de 12 c. de haut. chargé et pôle charbon. 2 70
Un zinc. 0 45
Sel ammoniac. 0 25

Sel ammoniac. — *Sal ammoniac.* — SALMIAK (CHLORWASSER-
STOFF SÄURES AMMONIAK). Le kilog. 5 00
Bioxyde de manganèse. — *Bioxyde of manganese.* —
BRAUNSTEIN (MANGAN SUPEROXYD) Le kilog. 70

Pile au sel ammoniac (charbon et zinc), l'élément. 5 10
Sal ammoniac battery (zinc and carbon), per cell. . . . £ 0. 2. 10
SALMIAK BATTERIE (ZINC UND KOHLE), EIN ELEMENT. . . . . . 1 fl. 40 kr.

Presse à pile (fig. 3). — *Binding screw.* — POLSCHRAUBE. . . 0 75
Seringue de plomb pour l'entretien des piles. — *Lead
syringe.* — BLEI SPRITZE. 4 00
Seringue de verre. — *Glass syringe.* — GLAS SPRITZE. . . 0 75
Seringue de caoutchouc. — *India rubber syringe.* —
KAUTSCHUK SPRITZE. . . . .
Burette de zinc pour la solution du sel ammoniac. — *Zinc
pourer..* 2 50
Burette de cuivre rouge pour le sulfate de cuivre. — *Copper
pourer.* 8 00
Main à sulfate (en cuivre rouge). 2 00
Boîte à sulfate (10 kilog) en sapin. 5 00

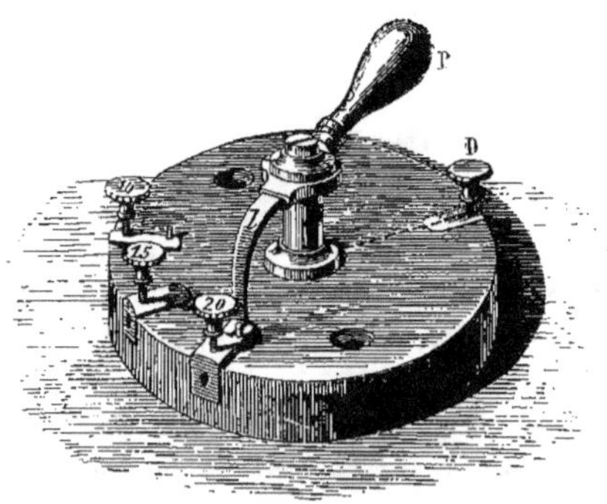

Fig. 28.

Commutateur de pile, à manette (fig. 28). 10 00
Battery commutator. . . . . £ 0. 8. 0
UMSCHALTER MIT KURBEL. . . . . 4 fl. 00 kr.

Commutateur de pile à bouchon 40 00
Peg battery commutator. . . . . £ 0. 8. 0
STÖPSEL COMMUTATOR FÜR BATTERIE. . . . . 4 fl. 00 kr.

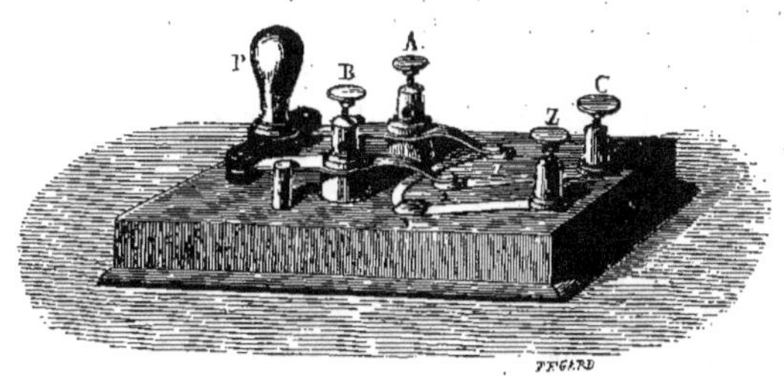

Fig. 75.

Inverseur (fig. 75). 20 00
Switch for reversing currents . . . . £ 0. 16. 0
STROMWENDER. . . . . 8 fl. 00 kr.

APPAREILS TÉLÉGRAPHIQUES ET ACCESSOIRES

ALPHABETICAL INSTRUMENTS AND ACCESSORIES

ZEIGER APPARATE UND ZUBEHÖRDEN

Récepteur (fig. 23 et 24) à remise à la croix d'un coup. Grand
    modèle. Breveté.   125 00
Récepteur à double réglage. 125 00
Récepteur à aimant, sans réglage. Brevetés. g. d. g. (fig. 120).   150 00
BC Receiver with instantaneous adjustment. . . . .   £ 5. 0. 0
Same requiring no regulation. 6. 0. 0
ZEICHENEMPFÄNGER NACH BREGUET . . . .   50 fl. 00 kr.
DERSELBE, OHNE REGULIRUNG.   60   00

Fig. 25.

Récepteur petit modèle, sans remise à la croix d'un coup
    pour l'enseignement et pour les usines. 75 00

Small ABC receiver, without instantaneous adjustment,
    for schools and private lines.. . . . .   £ 3. 0. 0
KLEINER ZEICHENEMPFÄNGER FÜR SCHULEN UND PRIVAT TELE-
    GRAPHEN. . . . .   30 fl. 00 kr.

récepteur à inversement ou pour courants d'induction. Bre-
veté s. g. d. g. (fig. 120) 150 00
ABC receiver for reverse or induction currents. . . . . . . £ 6. 0. 0
Zeichenempfänger für umgekehrte oder inductions ströme. 60 fl. 00 kr.

Fig. 21.

Manipulateur des chemins de fer à deux directions (fig. 28). 70 00
Manipulator or commutator or transmittor for two lines. £ 2. 16. 0
Zeichengeber für zwei linien. . . . . 28 fl. 00 kr.

Manipulateur à trois directions (fig. 119).. . . . . 90 00
Manipulator for three lines . . . . £ 3. 12. 0
Zeichengeber für drei linien. . . . . 36 fl. 00 kr.

Manipulateur à une direction. 60 00
Manipulator for one line. . . . . £ 2. 8. 0
Zeichengeber für eine linie. . . . . 24 fl. 00 kr.

Manipulateur à une direction, petit modèle. 50 00
Manipulator for one line, small model. . . . . £ 2. 0. 0
Zeichengeber für eine linie, kleiner. . . . . 20 fl. 00 kr.

Manipulateur à manivelle et à rouage. 100 00
Manipulator with handle and clockwork. . . . . £ 4. 0. 0
Zeichengeber mit kurbel und räderwerk. . . . . 40 fl. 00 kr.

Manipulateur à manivelle et à rouage. Système Chambrier,
  breveté s. g. d. g. Appareil pour imprimeur. 300 00
Chambrier's manipulator with handle and clockwork for
  type printing.. . . . ., ...   ₤ 12. 0. 0
ZEICHENGEBER NACH CHAMBRIER MIT KURBEL UND RÄDERWERK. . 120 fl. 00 kr.

Manipulateur à rouage à clavier droit. — *Clockwork ma-*
  nipulator with key board. — ZEICHENGEBER MIT RÄDER
  WERK UND CLAVIATUR.. . . . .   250 00

Fig. 28.

Manipulateur à inversement. 85 00
Manipulator sending reverse currents. . . . .   ₤ 3. 8. 0
STROMWENDER ZEICHENGEBER. . . . — . . . .   34 fl. 00 kr.

Manipulateur à induction (fig. 121), breveté, de Guillot. . .   200 00
Magneto-electric manipulator.. . . . .   ₤ 8. 0. 0
MAGNET-ELEKTRISCHE ZEICHENGEBER NACH GUILLOT. . . . . . . 80 fl. 00 kr.

Appareil portatif des chemins de fer, contenant le récepteur,
  le manipulateur et la pile (fig. 38). 250 00
Portable telegraph, for Rly service, containing receiver,
  manipulator and battery. . . . .   ₤ 10. 0. 0
TRANSPORTABLER APPARAT, ZU EISENBAHNEN. . . . .   100 fl. 00 kr.

Imprimeur d'Arlincourt (breveté s. g. d. g.). Manipulateur à clavier circulaire, récepteur, imprimeur et relai sans réglage   800 00

D'Arlincourt's type printing telegraph, including receiver, sender, printer and relay. . . . .   £ 52. 0. 0

TYPENSCHREIBER TELEGRAPH NACH D'ARLINCOURT. ZEICHEN GEBER, EMPFÄNGER, SCHREIBER UND RELAI . . . . 520 fl. 00 kr.

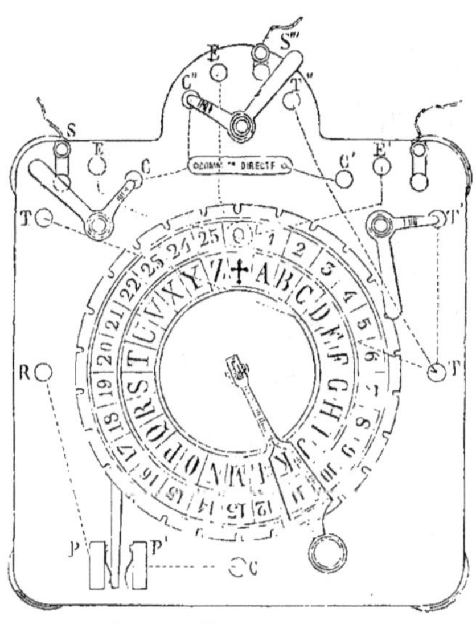

Fig. 119.

Imprimeur d'Arlincourt à courants inverses (breveté s. g. d. g.), composé de :

     Récepteur et imprimeur. 700 00

     et de manipulateur à manivelle. 100 00

     ou de manipulateur à clavier circulaire. 200 00

D'Arlincourt's reverse currents type printing telegraph, including :

     Receiver and printer. . . . .   £ 28. 0. 0

     and manipulator with handle. 4. 0. 0

     or manipulator with keyboard. 8. 0. 0

STROMWENDER TYPENSCHREIBER TELEGRAPH NACH D'ARLINCOURT :

     ZEICHENEMPFÄNGER UND SCHREIBER. . . . . 280 fl. 00 kr.

     ZEICHEN GEBER MIT KURBEL.   40   00

     ODER ZEICHEN GEBER MIT CLAVIATUR.   80   00

Imprimeur de Chambrier (breveté s. g. d. g.) :

     Manipulateur à manivelle et à rouage. 500 00

     Récepteur imprimeur. 500 00

Chambrier's type printing telegraph :
    Manipulator with handle and clockwork. . . . .   £ 12. 0. 0
    Printer. 20. 0. 0

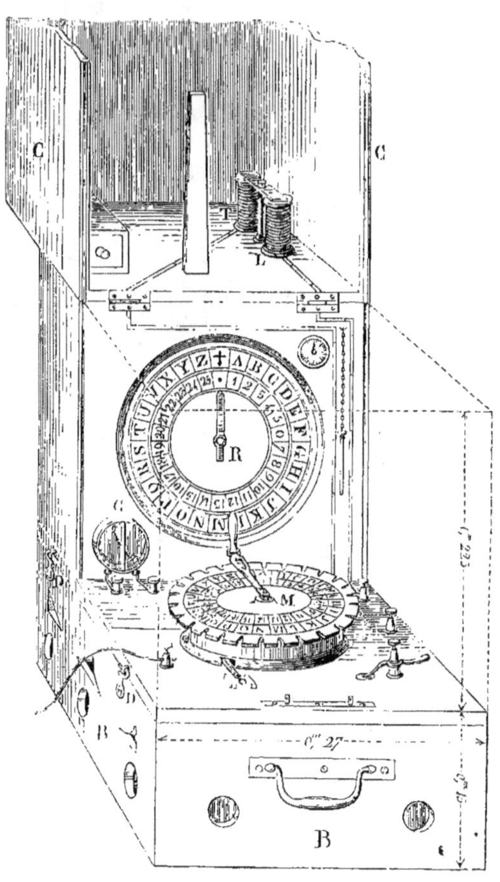

Fig. 58.

TYPENSCHREIBER TELEGRAPH NACH CHAMBRIER :
    ZEICHENGEBER MIT KURBEL UND RÄDERWERK. . . . . . . 120 fl. 00 kr.
    ZEICHENSCHREIBER. 200   00

SONNERIES — ALARUMS — STATION WECKER

Sonnerie à rouage (fig. 30). 100 00
Clockwork bell. . . . .   £ 4. 0. 0
ALLARM MIT RÄDERWERK. . . . .   40 fl. 00 kr.

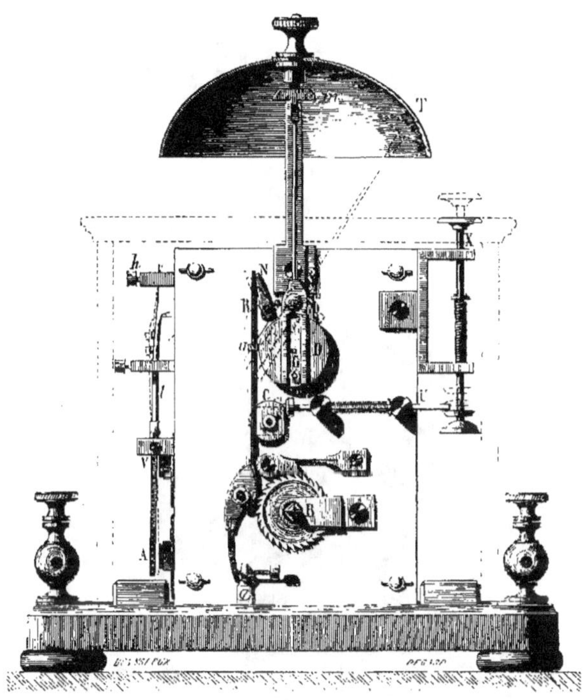

Fig. 30.

Sonnerie à rouage, à marteau tournant (fig. 150), très-
   bruyante. 200 00
Clockwork bell, with revolving hammer, very loud. . . . . £ 8. 0. 0
ALLARM MIT LAUFWERK UND DREHENDEM HAMMER. . . . . 80 fl. 00 kr.

Sonnerie trembleuse cubique, (fig. 36), pour lignes télé-
   graphiques. 35 00
Trembling bell, cubic shape, for telegraph lines. . . . . . £ 1. 8. 0
EINFACHE ELEKTRISCHE KLINGEL ODER LÄRMGLOCKE MIT STROM
   UNTERBRECHUNG. . . . . 14 fl. 00 kr.

Relai de sonnerie (fig. 35) . . . .　65 00

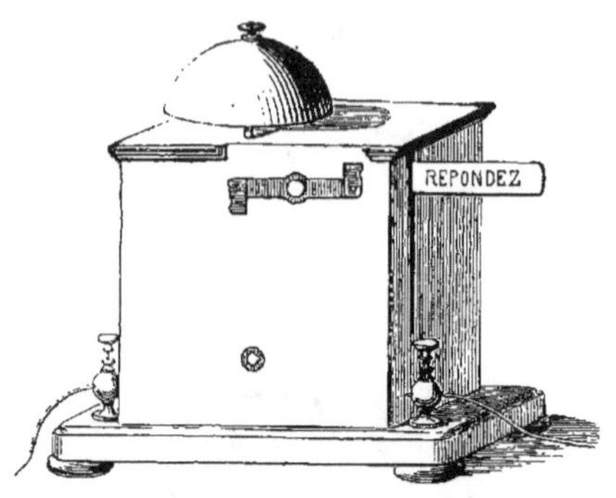

Fig. 150.

Relay for bells (fig. 35) . . . .　£ 2. 12. 0.

Fig. 35.

RELAIS FÜR KLINGELN (fig. 35) . . . .　26 fl. 00 kr.

Sonnerie trembleuse à un relai. Système Faure. . . . . .　70 00
Trembling bell with one relay. . . . .　£ 2. 16. 0
LÄRMGLOCKE (MIT STROM SEBLST UNTERBRECHUNG) MIT EINEM
RELAIS. . . . .　28 fl. 00 kr.

Sonnerie trembleuse à deux-relais (fig. 37) 120 00

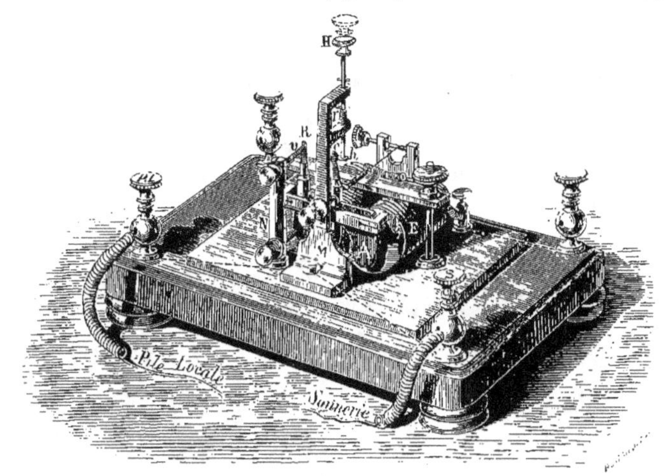

Fig. 37.

Trembling bell with two relays (fig. 37) . . . .   £ 4. 16. 0

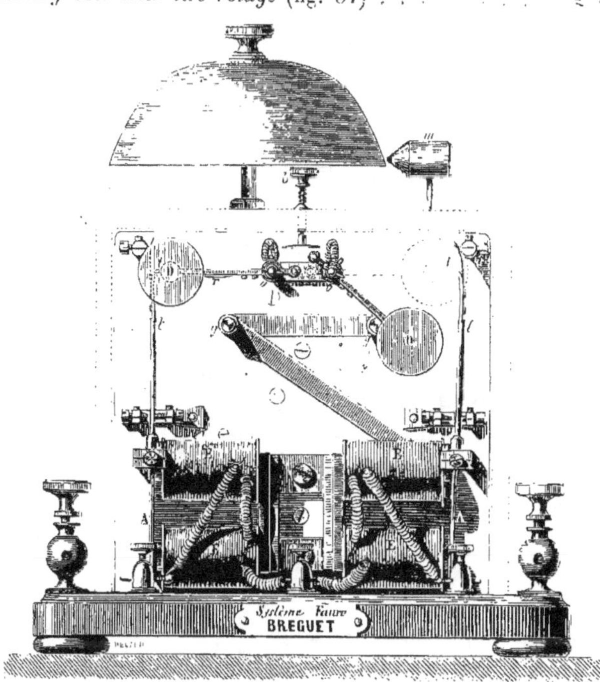

Fig. 37.

LÄRM GLOCKE MIT ZWEI RELAIS FÜR ZWEI LINIEN (fig. 37) . . 48 fl. 00 kr.

Sonneries domestiques. — *House bells.* — HAUS KLINGELN.
(Voir à la quatrième partie.)
Sonneries pour mines de charbon etc. — *Bells for Coal
mines. etc.* — LÄUTEWERKE FÜR KOHLENGRUBEN U. S. W.
(Voir à la cinquième partie.)
Sonneries pour signaux de chemins de fer. — *Bells for Rly
signalling.* — EISENBAHN LÄUTEWERKE. (Voir à la troi-
sième partie.)

BOUSSOLES
STATION GALVANOMETERS OR DETECTORS
GALVANOMETER

Boussole simple (fig. 10)... . . . .   10 00
Detector or galvanometer. . . . .   £ 0. 8. 0
GALVANOMETER EINFACH..   4 fl. 00 kr.

Aiguille de boussole. 5 50

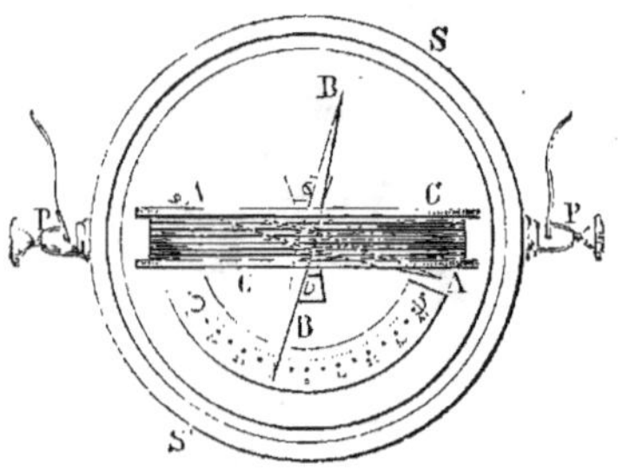

Fig. 10.

Boussole horizontale suisse à cadre mobile à 52 tours. . .   25 00
Detector as used in Switzerland. . . . .   £ 1. 0. 0
GALVANOMETER NACH SCHWEIZERISCHEM SYSTEM IN DREHBARER
   KAPSEL.. . . . .   10 fl. 00 kr.

Boussole à cadran vertical (fig. 125). Modèle 1867. . . .   20 00
Vertical detector. . . . .   £ 0. 16. 0
GALVANOMETER MIT VERTIKALER NADEL. . . . .   8 fl. 00 kr.

Boussole des sinus (fig. 15).. . . . .   55 00
Sine galvanometer for telegraph stations. . . . .   £ 1. 8. 0
SINUS BUSSOLE FÜR TELEGRAPH STATIONEN. . . . .   14 fl. 00 kr.

Boussole verticale du chemin de fer d'Orléans. 35 00
Boussole différentielle horizontale du chemin de fer d'Orléans.   40 00

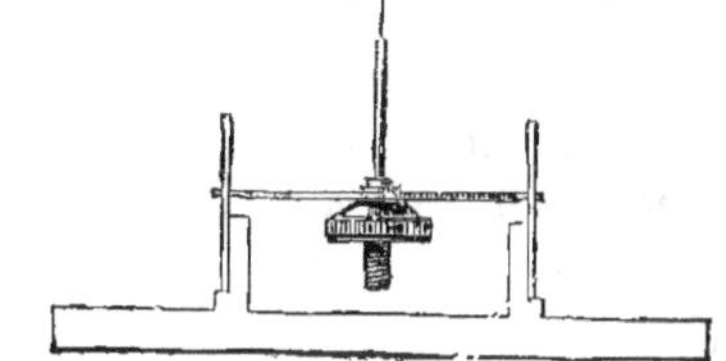

Fig. 14.

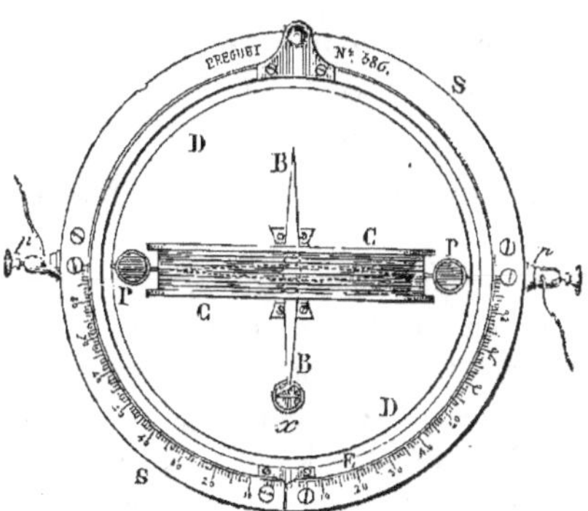

Fig. 15.

PARATONNERRES — LIGHTNING PROTECTORS — BLITZABLEITER

Paratonnerre à papier.	6 00
Paper lightning protector.	£ 0. 5. 0
Papier blitzplatte.	2 fl. 40 kr.
Paratonnerre simple à fil fin et à pointes.	8 00
Breguet's wire lightning guard with point discharger . .	£ 0. 6. 5
Schutzdraht und spitzenblitzableiter, nach Breguet. . . .	5 fl. 20 kr.

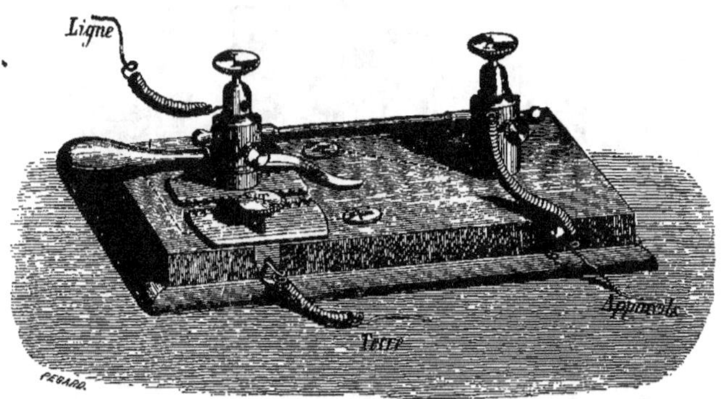

Fig. 33.

Le même instrument avec commutateur (fig. 33).	15 00
The same instrument with commutator.	£ 0. 10. 5
Dasselbe instrument mit commutator..	5 fl. 20 kr.
Tube de paratonnerre.	1 00
Paratonnerre du chemin de fer du Nord (système Tesse et Lartigue), établissant la communication de la ligne à la terre à la rupture du fil.	14 00
Tesse and Lartigue's wire lightning guard, automatically putting line to earth when wire burnt..	£ 0. 11. 0
Blitzableiter nach Tesse und Lartigue.	5 fl. 60 kr.
Paratonnerre en deux parties de l'Administration française, savoir :	
Préservateur à fil fin, à commutateur.	20 00
et paratonnerre à pointes mobiles avec cage vitrée.	30 00
Préservateur établissant la communication avec la terre, à la rupture du fil, modèle de l'Administration française.	23 00
Paratonnerre suisse, à pointes mobiles, pour deux lignes. .	28 00
Fil de fer fin pour paratonnerre, nu, le gramme	0 10
Fil de fer fin pour paratonnerre, couvert de soie, le gr..	0 25

DEVIS DES POSTES TÉLÉGRAPHIQUES ALPHABÉTIQUES

N. B. Tous les chemins de fer n'emploient pas les mêmes paratonnerres ni les mêmes piles. Nous indiquons ici ce que nous conseillons.

Poste à une direction des chemins de fer français et espagnols. — *End station.* — END STATION.

1 Table de chêne montée avec fils de cuivre rouge cachés.	90	00
1 Récepteur alphabétique à double réglage.	125	00
1 Manipulateur à une direction.	60	00
1 Sonnerie trembleuse à un relai (système Faure, breveté).	70	00
1 Boussole verticale (fig. 125).	20	00
1 Paratonnerre commutateur.	15	00
1 Commutateur de pile.	10	00
18 Éléments Leclanché, 4 fr.	72	00
1 Caisse à pile.	18	00
2 Serre-fils, 50 cent.	1	00
10 Mètres de fil recouvert de gutta-percha et de ruban goudronné, 70 cent.	7	00
Total.	486	00
Emballage (poids brut environ 150 kilog.).	20	00

Poste à deux directions des chemins de fer. — *Intermediate station.* — ZWISCHENSTATION.

1 Table en chêne montée avec fils de cuivre cachés.	110	00
1 Récepteur alphabétique (fig. 23 et 24).	125	00
1 Manipulateur alphabétique (fig. 28).	70	00
1 Sonnerie à deux relais (fig. 57), système Faure.	120	00
2 Boussoles verticales (fig. 125) à 20 fr. l'une.	40	00
2 Paratonnerres, système Lartigue et Tesse, 14 fr.	28	00
1 Commutateur de pile (fig. 29).	10	00
18 Éléments Leclanché à 4 fr.	72	00
1 Caisse à pile en sapin.	18	00
3 Serre-fils à 50 cent.	1	50
10 mètres de fil recouvert de gutta-percha et de ruban goudronné à 70 cent.	7	00
Total.	581	50
Emballage (poids brut, environ 150 kilog.).	20	00

Poste du chemin de fer d'Orléans, planche II. (*Manuel de télégraphie électrique*).

1 Table en chêne montée avec bandes de cuivre, apparentes et en saillie, avec paratonnerres et commutateurs.	230	00
1 Récepteur alphabétique breveté s. g. d. g	125	00
1 Manipulateur (planche II).	70	00
2 Sonneries à rouage (fig. 30), à 100 fr. l'une. . .	200	00
2 Boussoles verticales (planche II), à 35 fr. l'une. .	70	00
1 Caisse à pile en sapin pour 21 éléments.	20	00
21 Éléments Leclanché à 5 fr.	105	00
2 Serre-fils, à 50 cent. l'un.	1	00
10 Mètres de fil recouvert de gutta-percha et de ruban goudronné	7	00
1 Fil de terre.	3	50
Total.	731	50

TELÉGRAPHES D'USINES
TELEGRAPHS FOR PRIVATE LINES
FABRIKTELEGRAPHEN

Appareils pour usines, administrations, pouvant servir à la démonstration dans les lycées.

Manipulateur alphabétique.	50 00
Récepteur alphabétique sans remise à la croix d'un coup.	75 00
Sonnerie trembleuse (fig. 36).	35 00
Dix éléments Leclanché.	40 00
Total pour une station simple.	200 00

Instruments for Private lines, Gas and Water companies, Fire engine and Police services and for the lecture table.

Alphabetical manipulator.	£ 2. 0. 0
— *receiver.*	3. 0. 0
Alarum (Trembling bell).	1. 8. 0
Ten Leclanché cells.	1. 12. 0
One set complete.	£ 8. 0. 0

TELEGRAPHEN FÜR DIE INDUSTRIE ODER FÜR SCHULEN.

ZEICHEN GEBER.	20 fl. 00 kr.
ZEICHEN EMPFÄNGER	30 00
LÄRMGLOCKE.	14 00
ZEHN LECLANCHÉ'SCHE ELEMENTE.	16 00
FÜR EINE STATION.	80 fl. 00 kr.

Télégraphe d'usines breveté en France et en Angleterre de Breguet et Crossley.

Un récepteur. — Un manipulateur. — Une sonnerie. Réunis dans une même boîte. 175 00

> Quand la boîte est fermée, l'appareil est sur attente, c'est-à-dire sur sonnerie; quand la boîte s'ouvre, l'appareil se trouve sur *envoi et réception.*

Alphabetical telegraph Breguet and Crossley's Patent.

Receiver, manipulator and bell together in one box. . . . . £ 7. 0. 0

> When the box is shut, the line is in communication with the bell; by opening the box, the line is put in communication with the telegraph itself.

FABRIKTELEGRAPH NACH BREGUET UND CROSSLEY; RECEPTOR.

MANIPULATOR UND WECKER. . . . . 70 fl. 00 kr.

TÉLEGRAPHES A INDUCTION

MAGNETO ELECTRIC TELEGRAPHS

MAGNETELEKTRISCHE ZEIGER APPARATE

Récepteur à inversement (fig. 120)..	150 00
Manipulateur de Guillot (fig. 121)..	200 00
Sonnerie à rouage..	110 00
Total pour une station.	460 00

Fig. 120.

Receiver (fig. 120)..	£ 6. 0. 0
Guillot's magneto electric manipulator (fig. 121)..	8. 0. 0
Clockwork bell..	4. 8. 0
One station complete.	£ 18. 8. 0

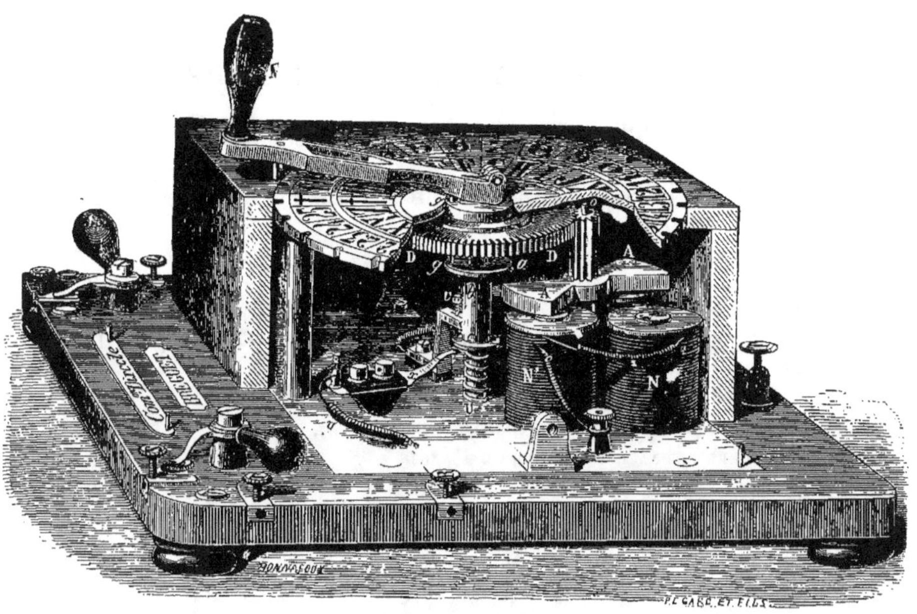

Fig. 121.

ZEICHEN EMPFÄNGER (fig. 120). . . . . 60 fl. 00 kr.
MAGNETELEKTRISCHE ZEICHENGEBER NACH GUILLOT (fig. 121). 80   00
ALLARM MIT UHRWERK. 44   00

   EINE STATION. . . . . 184 fl. 00 kr.

APPAREILS MORSE ET ACCESSOIRES

MORSE INSTRUMENTS AND ACCESSORIES

TELEGRAPHEN APPARATE NACH MORSE UND ZUBEHÖRDEN

Récepteur Morse à encre 275 00
Morse inkwriter. . . . .   ₤ 11. 0 0
MORSES FARBSCHREIBER MIT FEDERBEWEGUNG . . . . 110 fl. 00 kr.

Récepteur à encre (système Rault et Chassang) 500 00
Morse inkwriter (Rault and Chassang patent). . . . . . :   ₤ 12. 0. 0
FARBSCHREIBER NACH RAULT UND CHASSANG . . . . 120 fl. 00 kr.

Fig. 42.

Récepteur Morse à gaufrage (fig. 42) 200 00
Embossing instrument. . . . .   ₤ 8. 0. 0
RELIEFSCHREIBER MIT FEDERBEWEGUNG . . . . 80 fl. 00 kr.

Récepteur Morse à gaufrage pour la démonstration 135 00
Embossing instrument for the Lecture table. . . . . . .   ₤ 5. 8. 0
RELIEFSCHREIBER FÜR SCHULEN . . . . 54 fl. 00 kr

Relai Morse (fig. 44). 70 00
Relay. . . . . £ 2. 16. 0
Übertrager oder relais . . . . 28 fl. 00 kr.

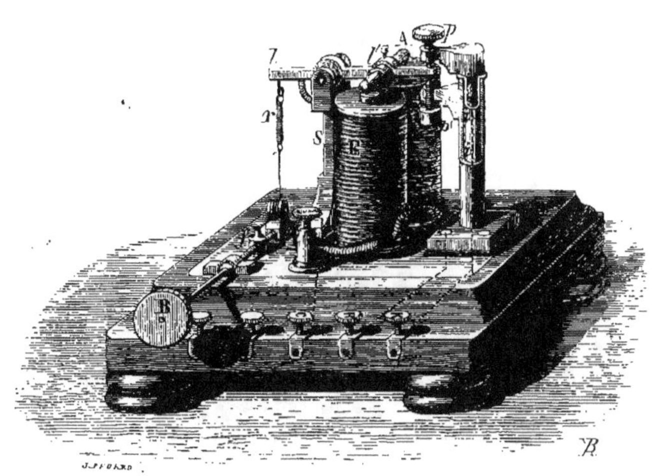

Fig. 44.

Relai double pour la translation.. . . . .   140 00
Double relay for translation. . . . . £ 5. 12. 0
Doppel übertrager für translation. . . . . 56 fl. 00 kr.

Relai d'Arlincourt (breveté s. g. d. g.), simple, avec décharge
   à la terre ou *zinc sender* et parleur. (1). 400 00
D'Arlincourt's relay (patented in England), simple, with
   line discharger or zinc sender and sounder. . . . . £ 16. 0. 0
Übertrager nach d'Arlincourt mit entladung und klopfer. 160 fl. 00 kr.

Relai d'Arlincourt, double, pour la translation, avec parleurs.   700 00
Double d'Arlincourt's relay, for translation with sounders. £ 28. 0. 0
Doppel übertrager nach d'Arlincourt mit klopfern . . . . 280 fl. 00 kr.

Parleur simple pour circuits locaux. 20 00
Parleur relais.. . . . .   25 00
Sounder. . . . . £ 1. 0. 0
Klopfer. . . . . 10 fl. 00 kr.

1. Voir la description dans le *Journal télégraphique du bureau international*. Berne.
Numéro du 25 juin 1872.

Récepteur Morse à encre pour courants renversés ou pour
courants d'induction. 300 00
Morse Inkwriter for reverse or induction currents. . . .   £ 12. 0. 0
POLARISIRTER FARBSCHREIBER. . . . .   120 fl. 00 kr.

Manipulateur ou clef Morse (fig. 45).. . . . .   15 00
Morse key. . . . .   £ 0. 12. 0
SCHLÜSSEL ODER TASTER. . . . .   6 fl. 00 kr.

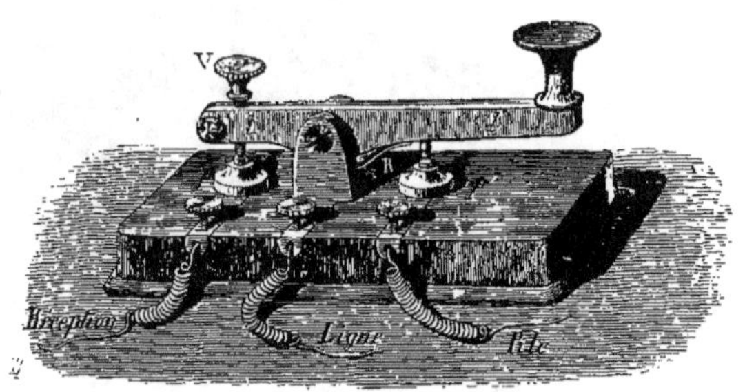

Fig. 45.

Manipulateur Morse inverseur. . . . .
Morse Key sending reverse currents or submarine Key. . .
WECHSELSTROMTASTER. . . . .

Manipulateur Morse à induction ou magnéto-électrique. . .   100 00
Magneto induction Key.. . . . .   £ 4. 0. 0
MAGNET INDUCTIONS TASTER. . . . .   40 fl. 00 kr.

Rouet pour emmagasiner le papier à la sortie du récepteur.   20 00
Paper Spool for receiving the paper on which the signals
are marked. . . . .   £ 0. 16. 0
PAPIER ROLLEN STÄNDER. . . . .   8 fl. 00 kr.

Commutateur à bouchon pour stations intermédiaires, donnant
la communication directe, simple ou simultanée (fig. 180).   15 00
Siemens intermediate station commutator. . . . .   £ 0. 12. 0
SIEMENS'SCHE ZWISCHENSTATION STÖPSELUMSCHALTER FÜR DIRECT
ODER STATIONS ODER CIRCULAR STELLUNG. . . . .   6 fl. 00 kr.

Commutateur suisse à 3 branches.. . . . .   15 00
—   —   à 6   — 60 00
—   —   à 12   — 225 00

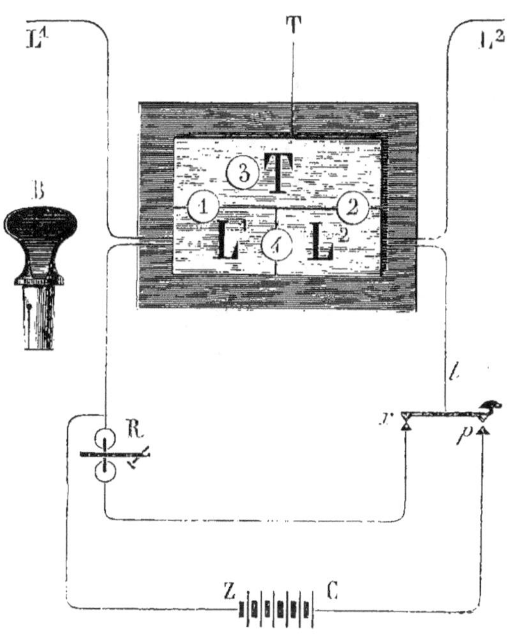

Fig. 180.

Universal switch with   3 branches.. . . . .   £ 0. 12. 0
   —   —   6   — 2. 8. 0
   —   —   12   — 9. 0. 0

UNIVERSAL STÖPSEL UMSCHALTER MIT   3 SCHIENEN. . . . . .   6 fl. 00 kr
   —   —   —   6   —   24   00
   —   —   —   12   —   90   00

Les bouchons sont en maillechort et à double ressort.
The pegs are made of german silver and are double spring.
DIE STÖPSEL SIND AUS NEUSILBER UND MIT DOPPEL FEDER.

Commutateur, modèle ottoman, système Lacoine, à   6 lignes.   60 00
   —   —   —   à 15 —   250 00
   —   —   —   à 20 —   350 00

Lacoine's commutator, with   6 branches. . . . .   £ 2. 8. 0
   —   —   15   — 10. 0. 0
   —   —   20   — 14. 0. 0

COMMUTATOR VON LACOINE, MIT   6 SCHIENEN. . . . .   24 fl. 00 kr.
   —   —   15   — 100   00
   —   —   20   — 140   00

Commutateur Delorme, à 2 lignes.. . . . . 18 00
      —   à 3 — 50 00

Papier Morse. Le kilogramme.. . . . . 2 00
    —   De 14 millimètres de large. La roulette. . . 0 25
Morse paper. Per kilog. . . . . £ 0. 1. 8
PAPIER ROLLEN. A KILOG. . . . . 0 fl. 80 kr.

Encre pour appareil Morse, le flacon. 1 00
Ink for Morse Inkwriter, per bottle. . . . . £ 0. 0. 10
FARBE, ZUM FARBSCHREIBER, A FL.. . . . . 0 fl. 40 kr.

Appareil Morse rapide de d'Arlincourt, breveté s. g. d. g.
   Récepteur. 350 00
   Transmetteur. 550 00
   Perforateur. 500 00

D'Arlincourts rapid Morse telegraph.
   Receiver . . . . £ 14. 0. 0
   Transmittor 14. 0. 0
   Perforator 12. 0. 0

MORSE SCHNELL TELEGRAPHEN APPARAT, NACH D'ARLINCOURT.
   ZEICHEN EMPFÄNGER . . . . 140 fl. 00 kr.
   ZEICHEN GEBER. 140   00
   DURCHLÖCHER 120   00

DEVIS DES POSTES TELÉGRAPHIQUES MORSE

Poste à deux directions, permettant la communication simultanée, distincte et directe et l'attente sur sonnerie.
— *Intermediate station.* — ZWISCHENSTATION.

1 Tab'e de chêne montée avec fils de cuivre rouge. .	120 00
1 Récepteur Morse à encre.	275 00
1 Manipulateur ou clef Morse.	15 00
1 Rouet.	18 00
1 Commutateur Siemens.	15 00
2 Commutateurs de réception et sonnerie, 10 fr . .	20 00
1 Sonnerie à deux relais (système Faure).	120 00
2 Boussoles verticales (fig. 125), 20 fr.	40 00
2 Paratonnerres à papier, 6 fr.	12 00
21 Éléments Leclanché, 4 fr.	84 00
1 Caisse à pile de chêne.	50 00
10 Mètres de fil de cuivre recouvert de gutta-percha et de ruban goudronné, 70 cent.	7 00
Total.	756 00

Poste à une direction. — *End station.* — ENDSTATION.

1 Table de chêne, etc.	90 00
1 Récepteur Morse à encre.	275 00
1 Manipulateur ou clef Morse.	15 00
1 Rouet.	18 00
1 Commutateur de réception et sonnerie.	10 00
1 Sonnerie à un relai.	70 00
1 Boussole verticale.	20 00
1 Paratonnerre à papier.	6 00
21 Éléments Leclanché, 4 fr.	84 00
1 Caisse à pile de chêne.	50 00
10 Mètres de fil recouvert pour l'entrée dans les postes, 70 centimes.	7 00
Total.	625 00

POSTES ÉCONOMIQUES

Poste à deux directions. — *Intermediate station.* — ZWIS-
CHENSTATION.

1 Bureau buffet pour travailler debout, contenant la pile	100 00
1 Récepteur Morse à encre.	275 00
1 Manipulateur ou clef Morse.	15 00
1 Rouet.	18 00
1 Commutateur Siemens.	15 00
2 Commutateurs de réception et sonnerie montés sur le bureau. 8 fr.	16 00
2 Sonneries trembleuses. 35 fr.	70 00
1 Boussole verticale double ou à deux fils.	20 00
2 Paratonnerres à papier.	12 00
15 Éléments Leclanché. 4 fr.	60 00
10 Mètres de fil recouvert.	7 00
Total.	636 00

Poste à une direction. — *End station.* — ENDSTATION.

1 Bureau buffet contenant la pile.	100 00
1 Récepteur Morse à encre.	275 00
1 Manipulateur..	15 00
1 Rouet.	18 00
1 Commutateur de réception et sonnerie.	8 00
1 Sonnerie trembleuse.	35 00
1 Boussole horizontale.	10 00
1 Paratonnerre à papier.	6 00
15 Éléments Léclanché..	60 00
10 Mètres de fil couvert.	7 00
Total.	534 00

Poste de chemins de fer suisses.

1 Bureau buffet.	80 00
1 Récepteur Morse à encre.	275 00
1 Manipulateur (clef Morse).	15 00
1 Commutateur suisse à 3 branches.	15 00
1 Boussole horizontale suisse.	25 00
1 Paratonnerre à pointes à 2 lignes (modèle suisse).	28 00
1 Sonnerie trembleuse (circuit local).	30 00
1 Pile de ligne (60 éléments, zinc, charbon, sel ordinaire).	120 00
1 Pile locale (4 éléments grande dimension)..	20 00
Total.	608 00

TELEGRAPHIE MILITAIRE

ARMY TELEGRAPHS

KRIEGS TELEGRAPHEN

TÉLÉGRAPHE MILITAIRE — MILITARY TELEGRAPH — MILITÄR TELEGRAPH

Boîte de 18 × 38 × 17 centimètres, contenant :
Récepteur Morse à encre,
Manipulateur ou clef Morse,
Boussole verticale,
Paratonnerre à commutateur,
2 rouets,
Encrier et outils. 400 00

Case of 18 × 38 × 17 centimeters, containing :
Morse receiver inkwriter,
Morse key,
Detector,
Lightning conductor,
2 paper spools,
Inkstand and tools . . . . £ 16. 0. 0

BÜCHS VON 18 × 38 × 17 CENTIMETERN, ENTHALTEND :
MORSE FARBSCHREIBER,
TASTER,
GALVANOMETER,
BLITZABLEITER,
2 PAPIER ROLLEN STÄNDER,
TINTENFASS UND WERKZEUGE. . . . . 160 fl. 00 kr

POSTE MILITAIRE A INDUCTION

MILITARY MAGNETO TELEGRAPH

MILITÄR INDUCTION TELEGRAPH

Récepteur Morse à encre. 300 00
Manipulateur à induction. 100 00
Sonnerie. 50 00
Morse Inkwriter. £ 12. 0. 0
Magneto induction Key. 4. 0. 0
Bell. 2. 0. 0
POLARISIRTE FARBSCHREIBER.. . . . . 120 fl. 00 kr.
MAGNETINDUCTIONS TASTER. 40 00
LÄUTEWERK. 20 00

FILS DE CUIVRE RECOUVERTS DE SOIE OU DE COTON

COPPER WIRES COVERED WITH SILK OR COTTON

KUPFER DRAHTE MIT SEIDE ODER BAUMVOLLE BESPONNEN

NOMBRE de mètres par kilog	DIAMÈTRE en dixièmes de millim.	NUMÉROS à la jauge décimale	PRIX PAR KILOGRAMME COUVERTS EN	
			Coton	Soie
Cuivre nu				
670	5	0	10 »	20 »
418	6	1	9 50	19 50
350	7	2	9 »	19 »
208	8	3	8 50	18 50
180	9	4	8 25	18 25
160	10	5	8 »	»
157	11	6	7 75	17 75
100	12	7	7 50	17 50
85	13	8	7 25	17 25
75	14	9	7 10	17 »
70	15	10	7 »	16 75
66	16	11		16 50
54	18	12		16 25
40	20	13		16 20
34	22	14	6 50	» »
30	24	15		15 »

NOMBRE de mètres par kilog	DIAMÈTRE en dixièmes de millim.	NUMÉROS à la jauge carcasse	PRIX PAR KILOGRAMME COUVERTS EN	
			Coton	Soie
Cuivre nu				
748	4 3/4	12	12 »	20 »
685	4 1/2	14	13 »	23 »
545	4	16	14 »	25 »
1.020	3 3/4	18	15 »	27 »
1.500	3 1/2	20	16 »	29 »
	3	22	16 »	31 »
1.650	2 3/4	24	17 »	33 »
2.400	2 1/2	26	18 »	35 »
3.205	2	28	19 »	38 »
5.180	1 3/4	30	22 »	40
6.410	1 1/2	32	24 »	43 »
7.000	1 1/4	35		45 »
8.500	1	34		50 »
10.000	1/2	36		60 »
13.500	1/4	40		75 »
22.000		50		110 »

Chaque numéro couvert 2 fois en sens contraire, sera augmenté du tiers des prix marqués ci-dessus.
Les fils couverts 2 fois en même temps de coton, ne seront augmentés que du cinquième.

FILS DE CUIVRE RECOUVERTS DE GUTTA PERCHA

GUTTA PERCHA COVERED COPPER WIRES

KUPFERDRÄHTE MIT GUTTAPERCHABEZUG

N°ˢ	DIAMÈTRE DU FIL en millimètres	FILS RECOUVERTS DE	DIAMÈTRE extérieur	PRIX DU	
				KILOG.	MÈTRE
1	1,ᵐᵐ	1 gaîne de gutta-percha.	5,ᵐᵐ	15 »	0 20
2	2,0	1 — —	5,0	15 »	0 60
5	2,0	2 — —	7,0	15 »	1 »
4	2,0	2 gaînes gutta, filin et ruban goudronnés.	10,0	11 »	1 25
4 bis	1,0	Composition isolante et filin goudronné .	5,0	20 »	0 50
5	0,9	Gutta et coton.	2,0	18 »	0 15
6	0,9	Coton enduit et coton blanc.		13 »	0 10
7	1,1	Une seule couche de coton.		10 »	0 10
11	corde à 7 fils de 1,14	3 gaînes gutta-percha, tresse de filin goudronné.	10,0		1 56
12	corde à 3 fils de 1,14	5 gaînes gutta-percha, tresse de filin goudronné	8,0		1 05
15	corde à 4 fils de 0,5	Guipage de coton, gaîne de composition isolante, guipage de phormium et 2 rubans caoutchoutés.	6,0		0 40

CABLES A DEUX CONDUCTEURS

CABLES WITH TWO CONDUCTORS

KABELN, ZWEI LEITUNGSDRÄHTE ENTHALTEND

N° 14. Deux fils de cuivre de 7/10 ᵐ/ᵐ couverts chacun de
gutta-percha, placés côte à côte, puis recouverts d'un
ruban de coton caoutchouté, le kilogramme. 18 00

Le mètre. 00 28

N° 15. Deux fils de cuivre de 7/10 1/2 couverts chacun de
gutta-percha et guipés de coton, placés côte à côte et
réunis ensemble par un guipage de coton, le kilogramme.   15 00

Le mètre. . . . : 00 18

OUTILS POUR LA POSE ET L'ENTRETIEN DES LIGNES
CONSTRUCTION AND MAINTENANCE TOOLS
WERKZEUGE

OUTILLAGE POUR SURVEILLANT DE LIGNE

1 sacoche en cuir.	25 00
Contenant :	
1 paire de moufles, avec 18 mètres de corde. . . .	15 00
2 mâchoires à tordre, 3,00 (fig. 54)	6 00
2 — tendre, 3,00.	6 00

Fig. 54.

6 mètres de corde pour les mâchoires.	1 20
1 clef à deux fins galvanisée.	2 00
1 tournevis gros à deux fins.	1 20
1 — petit.	1 50
1 étau à main de 14^{cm}.	5 00
1 marteau emmanché.	2 00
1 lime tiers-point 19^{cm} bâtarde.	0 80
1 — demi-ronde 19^{cm}.	0 90
1 vilebrequin.	3 00
1 pince plate de 19^{cm}.	2 00
1 ciseau à froid.	1 50
1 — à bois.	1 50

2 vrilles n° 3 (pour vis 24/70), à 50 c. 0 60
1   —   7 (—   28/80). 0 50
1   —   11 (pour boulons). 1 00
3 mèches à cuiller, 6^{mm}, à 50 c. 1 50
3   —   —   9^{mm}, à 50 c. 1 50
1 boîte au suif. 1 00
1 lampe de gazier pour souder. 7 00

Total. 87 70

1 outil à faire la torsade espagnole (fig. 51). 2 00

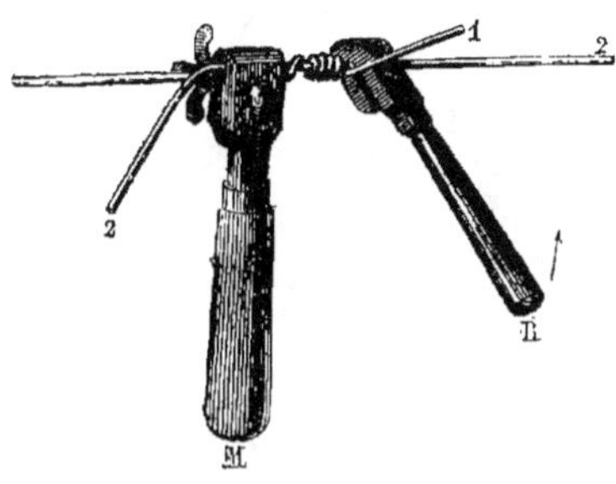

Fig. 51.

OUTILLAGE DE POSEUR

1 sac de toile avec courroie de cuir. 3 00
Contenant :
1 paire de mouſles. 12 50
18 mètres de corde. 2 50
2 mâchoires à tendre à 3 fr. 6 00
6 mètres de corde pour lesdites 1 00
1 tournevis à deux fins. 1 00
1 marteau emmanché. 1 70
2 vrilles n° 3, à 30 c. 0 60
2   —   7, à 50 c. 1 00
2   —   11, à 1 fr. 2 00
1 boîte au suif. 1 00

Total. 52 50

OUTILLAGES DE CONTROLEUR

1 boîte à outils. 100 00
1 trousse à outils, petite. 30 00
—   —   moyenne. 60 00
—   —   grande. 130 00

LIGNES TELÉGRAPHIQUES AÉRIENNES

OVERLAND LINES

OBERIRDISCHE LEITUNGEN

FILS. — WIRES — DRAEHTE

Fil de fer au bois galvanisé.	1 $^{m/m}$, le kilog.		1 25
Galvanized charcoal iron wire.	2 $^{m/m}$,	—	1 10
Galvanisirter Eisendraht.	3 $^{m/m}$,	—	0 85
	4 $^{m/m}$,	—	0 80
	5 $^{m/m}$,	—	0 75
	6 $^{m/m}$,	—	0 76

Il va sans dire que les prix ci-dessus sont variables avec le cours des fers et qu'ils ne peuvent être pris que comme renseignements.

The above prices vary with the market state.

LIGATURES. — JOINTS. — LÖTHSTELLEN

Fig. 50.

Ligature anglaise, dite *Britannia joint* (fig. 50).
Fil à ligature de fer galvanisé de 1 $^{m/m}$, le kilog. . . . . | 1 25
Soudure, le kilog.. . . . . | 3 50

Fig. 52.    Fig. 53.

Ligature espagnole (fig. 53).
Outil à faire la torsade espagnole (fig. 51 et 52). . . . . . | 2 00
Ligature à torsion ou torsade française (fig. 54). . . . . . . |
Mâchoires à tordre (fig. 54), la paire. . . . . | 6 00
Ligature à manchon.
Manchons pour fil de 3 $^{m/m}$. . . . . | 0 15
— — 4 $^{m/m}$. . . . . | 0 17
— — 5 $^{m/m}$. . . . . | 0 20

ISOLATEURS. — INSULATORS. — ISOLATOREN

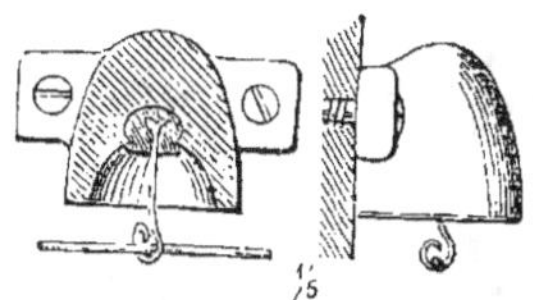

Fig. 56.

Cloche de suspension (fig. 56), avec crochet soudé. . . . .   0 43 }
les deux vis galvanisées, 24/70.   0 12 }   0 55

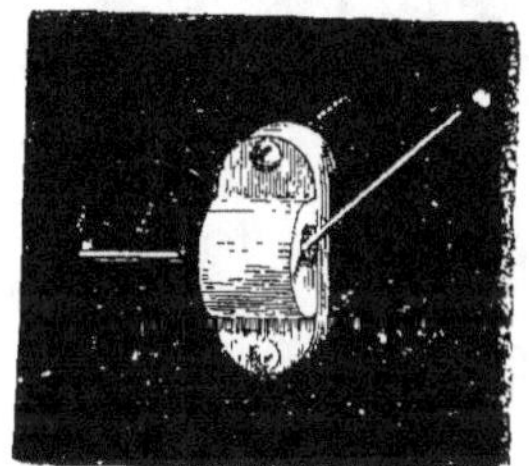

Fig. 59.

Fig. 60.

Anneau fermé (fig. 59), avec deux vis 24/70. . . . .   0 45
Anneau ouvert (fig. 60), avec vis 24/70 et 24/90. . . . . .   0 45

Fig. 63.

Fig. 58.

Poulie d'arrêt (fig. 66). . . . .   0 29 }
la vis galvanisée, 30/115. . . . .   0 21 }   0 50
Cloche de suspension grand modèle (fig. 58). avec crochet.   0 92 }
les deux vis galvanisées 28/80.   0 18 }   1 10

Cloche d'arrêt simple (fig. 67), avec son support. . . . . .   1 85 ⎫
      les deux boulons galvanisés, 33/70 et 33/90.   0 40 ⎬   2 25
Cloche d'arrêt double (fig. 68), complète. 4 00

Fig. 67.

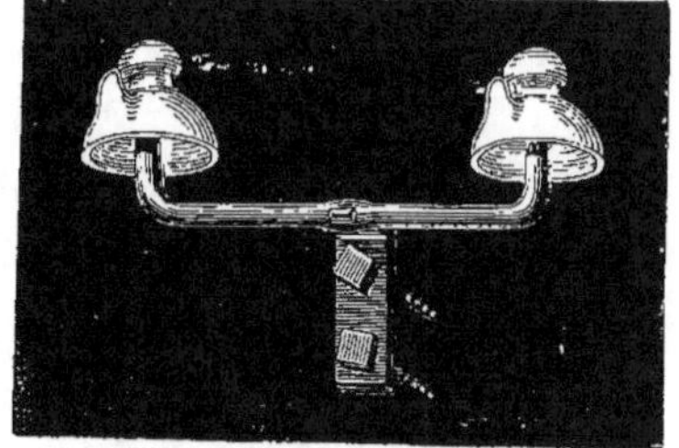

Fig. 68.

Isolateur double cloche, dernier type de l'administration
française, avec support galvanisé (fig. 71). . . . . . .   2 10 ⎫
     2 boulons, 33/70 et 33/90. . . . .   0 40 ⎬   2 50

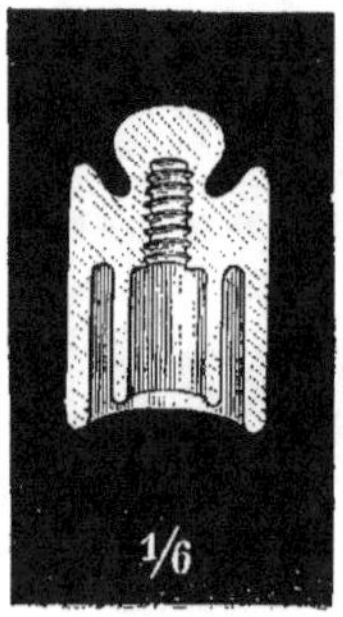

Fig. 71.

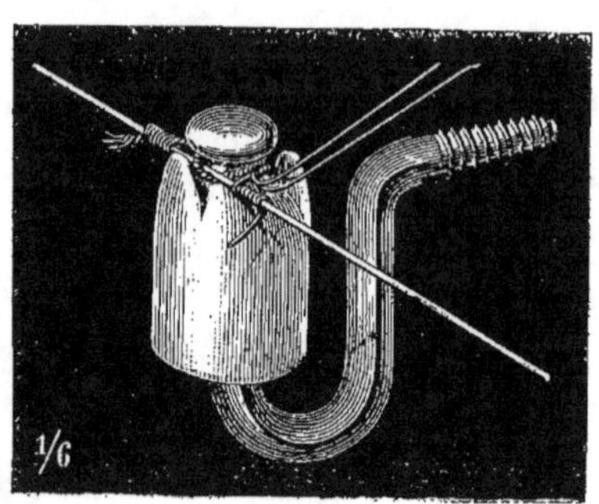

Fig. 72.

Isolateur double cloche, avec support courbe taraudé, dis-
pensant de l'emploi de boulons (fig. 72). 2 00

POTEAUX EN FER. — IRON POLES OR POSTS — EISERNEN STANGEN

Poteaux en tôle de fer, tubulaires de A. Desgoffe, breveté s. g. d. g. (figure 73).

Sheet iron tubular posts, Desgoffe's patent.

EISENBLECH STANGEN NACH DESGOFFE.

Prix des 100 kilog. 40 pour 100 au-dessus du prix courant des tôles.

Ces poteaux sont de tôle plus ou moins épaisse, suivant le nombre de fils qu'on veut leur faire porter; les poids et les prix varient en conséquence.

Hauteur.	Poteaux de lignes chargées ou d'angle et d'arrêt. Poids.	Poteaux légers pour lignes ordinaires. Poids.
4 mètres	38 kilog.	25 kilog.
5 —	50 —	35 —
6 —	62 —	42 —
8 —	100 —	68 —
10 —	142 —	95 —
12 —	200 —	140 —
15 —	350 —	250 —

N° 1. Poteau ordinaire pour six ou huit fils.

N° 2. Poteau pour un grand nombre de fils.

N° 3. Poteau pour la liaison d'une ligne aérienne à une souterraine.

N° 4. Poteau de visite ou de contrôle.

N° 1. *Ordinary post for 6 or 8 wires.*

N° 2. *Post for 18 or 20 wires.*

N° 3. *Post for joining overland with underground lines.*

N° 4. *Post for the control of insulation on lines.*

N° 1. GEWÖHNLICHE STANGE FÜR 6 ODER 8 DRÄHTE.

N° 2. STANGE FÜR EINE GROSSE ANZAHL VON DRÄHTEN.

N° 3. STANGE FÜR DER VERBINDUNG EINER OBERIRDISCHEN MIT EINER UNTER-
IRDISCHEN LINIE.

N° 4. STANGE FÜR DIE CONTROLIRUNG.

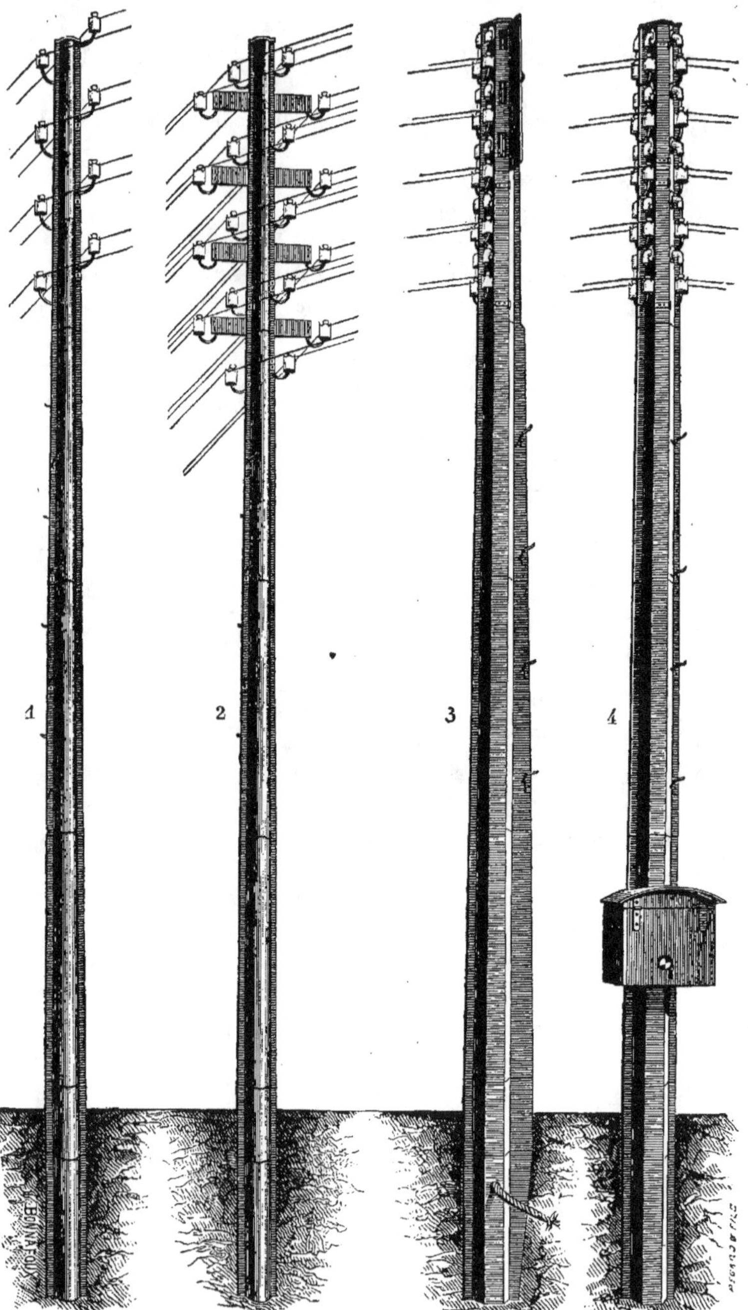

Fig. 73.

DEVIS DE LIGNES TÉLÉGRAPHIQUES AÉRIENNES
ESTIMATE FOR ERECTION OF OVERLAND LINES
PREISANSCHLAG FÜR TELEGRAPHENLINIEN

PRIX POUR UN KILOMÈTRE A UN FIL

LIGNE DE GRANDE COMMUNICATION

160 kilogr. de fil de fer au bois de 5^{mm} galvanisé à 75 fr. .	120	00
14 supports à double cloche, à 2 fr. 50.	35	00
10 manchons galvanisés, 20 c.	2	00
Pose du fil.	8	00
14 poteaux de 8 mètres injectés au sulfate de cuivre, à 15 fr.	210	00
Pose desdits, à 2 fr.	28	00
Distribution du matériel.	10	00
Total.	413	00

LIGNES ORDINAIRES

100 kilogr. de fil de fer au bois de 4^{mm} galvanisé.	80	00
12 cloches de suspension (fig. 58), à 1 fr. 10.	13	20
2 — d'arrêt (fig. 67), à 2 fr. 25.	4	50
6 manchons à 17 c.	1	02
Pose du fil.	10	00
12 poteaux de 6 mètres, injectés au sulfate de cuivre, à 8 fr.	96	00
2 — 8 -- — — 15 fr.	30	00
Pose de 14 poteaux, l'un 2 fr.	28	00
Distribution du matériel.	10	00
Total.	272	72

LIGNES ÉCONOMIQUES

60 kilogr. de fil de fer au bois de 3^{mm} galvanisé à 85 fr. .	51	10
15 cloches de suspension (fig. 56), à 55 c.	8	25
2 — d'arrêt (fig. 67), à 2 fr. 25.	4	50
5 manchons, à 10 c.	0	50
Pose du fil.	10	00
Distribution du matériel.	8	00
Total.	76	35

Il est aisé de calculer avec les indications qui précèdent le prix des lignes à plusieurs fils.

Il faut remarquer d'ailleurs que le prix réel des lignes télégraphiques est très-variable, à raison du prix du transport des matériaux à pied d'œuvre, qui est considérable dans les pays montagneux ou dépourvus de routes.

Il varie enfin avec le prix des bois dans les localités parcourues par les lignes et avec le cours des fers sur les marchés des pays producteurs.

CABLES TÉLÉGRAPHIQUES SOUTERRAINS
UNDERGROUND CABLES
KABELN FÜR UNTERIRDISCHE LEITUNGEN

MODÈLE N° 1

(Corde de 4 fils $0^{mm},6$ recouverte à 5^{mm})

**Câbles employés pour les tunnels sur les chemins de fer français
et pour les lignes souterraines dans les grandes villes**

	RECOUVERTS DE RUBANS GOUDRONNÉS			RECOUVERTS DE PLOMB		
	DIAMÈTRES	POIDS au kilomètre	PRIX au kilomètre	DIAMÈTRES	POIDS au kilomètre	PRIX au kilomètre
	Millimètres	Kilogrammes	Francs	Millimètres	Kilogrammes	Francs
1 conducteur....	»	»	»	7	260	975
—	»	»	»	8.5	450	1.200
—	7	75	750	10	550	1.400
2 —	»	120	1.400	»	720	2.000
3 —	14	205	1.600	17	925	2.230
4 —	16	270	2.025	19	1.115	2.725
5 —	17	310	2.375	2	1.210	3.100
7 —	19	590	5.000	22	1.500	3.900

MODÈLE N° 2

(Corde de 7 fils $0^{mm},5$ recouverte à $3^{mm},8$)

Câbles en rapport avec des fils aériens de 3^{mm} de diamètre.

	DIAMÈTRES	POIDS au kilomètre	PRIX au kilomètre	DIAMÈTRES	POIDS au kilomètre	PRIX au kilomètre
1 conducteur....	»	»	»	6.8	220	800
2 —	»	60	950	»	600	1.500
3 —	12	105	1.210	14.5	690	1.760
4 —	14	140	1.550	16.5	890	2.180
5 —	14	205	1.900	16.5	910	2.500
7 —	15	265	2.400	17.5	1.000	5.025

Les câbles se fabriquent et se livrent par tronçons de 400 à 500 mètres, suivant leur diamètre.

L'expédition en est faite soit sur des bobines en tôle qui doivent être réexpédiées *franco* à l'usine, soit dans des caisses bobines à noyau en tôle qui servent à la fois au transport et au déroulage.

Le prix de l'emballage sur bobines en tôle est de 22 francs. Il se compose de douves en bois réunies par des cercles en fer.

Le prix de la caisse-bobine en bois avec noyau en tôle est de 32 francs.

DEUXIEME PARTIE

APPAREILS DE MESURE

MEASURING INSTRUMENTS

MESS INSTRUMENTE

MESURES DES RÉSISTANCES

MEASUREMENT OF RESISTANCES

WIDERSTANDS MESSUNGEN

Étalon de résistance. Unité anglaise, arrêtée par l'Association britannique, exécutée par un comité de ladite Association, et désignée par les noms suivants : British Association Unit (par abréviation B. A. U.), ohmad, ohm. La dernière dénomination paraît prévaloir. 70 00

Standard British Association Unit, issued by the Committee of the B. A. on electrical standards of resistance.   £ 2. 10. 0

WIDERSTANDSEINHEIT NACH DIE BRITISCH ASSOCIATION VON EINER COMMISSION DERSELBE GEMACHT UND VERKAUFT. . . . . . .   28 fl. 00 kr.

Étalon de résistance. Unité Siemens. Résistance d'une colonne de mercure de 1 mètre de long et de 1 millimètre carré de section à la température de la glace fondante. Par abréviation, S. U. Le rapport de l'unité anglaise à l'unité Siemens est égal à 1,039

$$\text{B. A. U.} = 1,039 \text{ S. U.}$$

Le rapport de l'unité Siemens à l'unité anglaise est égal 0,9536

$$\text{S. U.} = 0,9536 \text{ B. A. U.} \dots \dots \quad 25\ 00$$

Siemens or mercury Unit = 0,9536 B. A. U. the resistance of a prism of pure mercury, one square millimeter section, and one meter long at 0°C. . . . . £ 1. 0. 0

SIEMENS'SCHE WIDERSTANDSEINHEIT = DIE WIDERSTAND EINES QUECKSILBER PRISMAS VON 1 MILLIMETER QUERSCHNITT UND 1 METER LÄNGE BEI 0°C.

$$\text{S. E.} = 0,9536 \text{ B. A. E.}.$$

$$\text{B. A. E.} = 1,039 \text{ S. E.} \dots \dots \dots \quad 10\ \text{fl. } 00\ \text{kr.}$$

L'unité française, ou le kilomètre (de fil de fer de 4 $^{m/m}$), peut-être considéré comme égal à 10 unités Siemens.

The French unit, or the kilometer is equal to 10 Siemens units; it is about the resistance of 1000 meters of iron wire, four millimeters of diameter. . . . .

DIE FRANZÖSISCHE EINHEIT, BEINAHE DIE WIDERSTAND VON 1 KILO-METER EISENDRAHT (4 MILLIMETER DURCHMESSER), IST GLEICH 10 S. E. . . . .

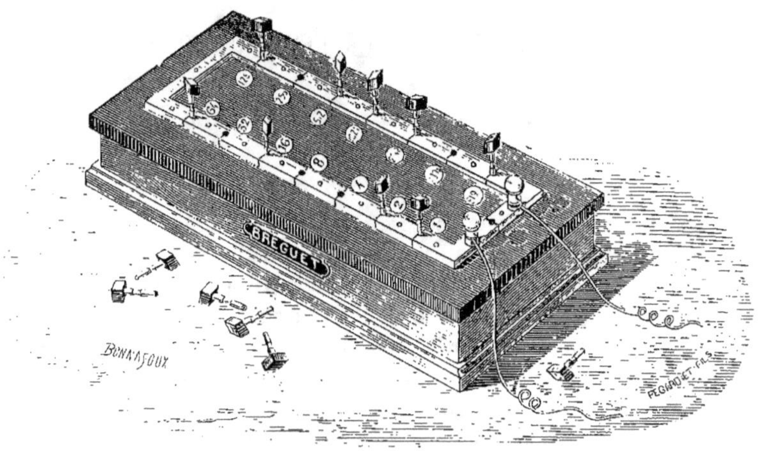

Fig. 15.

Les bobines sont composées de fil de maillechort, et ont les résistances suivantes : 1, 2, 4, 8, S. U. 1, 2, 4, 8, 16, 32, 64, 128, 216, 512 kilomètres, ce qui permet de former toutes les résistances exprimées par des nombres entiers d'unités Siemens, depuis 1 jusqu'à 10,245.

Set of 3 resistance coils.	£ 5. 0. 0
— 10 —	12. 0. 0
— 14 —	14. 0. 0

The coils made of German silver wire and equal to 1, 2, 4, 8 S. U. And 1, 2, 4, 8, 16, 32, 64, 128, 216, 512 kilometers or French units, so as to form any resistance expressed by integer numbers from 1 to 10,245 Siemens units.

WIDERSDTANDS APPARAT VON 3 ROLLEN	50 fl. 00 kr.
— — 10 —	120 00
— . — 14 —	144 00

DIE WIDERSTANDS ROLLEN SIND MIT NEUSILBER DRAHT GEMACHT UND GLEICH 1, 2, 4, 8, S. E. UND 1, 2, 4, 8, 16, 32, 64, 128, 216, 512 FRANZÖSISCHE EINHEITEN.

Appareil de résistances d'Eisenlohr, très-portatif[1], à 6 bobines	60 00
Eisenlohr's resistance instrument, very portable [1], 6 coils.	£ 2. 8. 0
WIDERSTANDS SAÜLE VON EISENLOHR (VIDE SCHELLEN. DER ELEKTROMAGNETISCHE TELEGRAPH), VON 6 ROLLEN.	24 fl. 00 kr.

Rhéostat de Wheatstone, grand modèle (fig. 12)	400 00
— — petit modèle.	250 00
Wheatstone's rheostat, large	£ 16. 0. 0
— — *small.*	10. 0. 0
WHEATSTONE'SCHE RHEOSTAT, GROSS	160 fl. 00 kr.
— — KLEIN	100 00

Rhéostat de Jacobi, à un seul cylindre [2].	150 00
Jacobi's rheostat [2].	£ 6. 0. 0
RHEOSTAT NACH JACOBI.	60 fl. 00 kr.

Rhéocorde de Pouillet ou de Poggendorff.	50 00
Poggendorff's rheocord [3].	£ 2. 0. 0
RHEOCORD VON POGGENDORFF [3].	20 fl. 00 kr.

---

[1] Voir Sabine, page 255.

[2] Sabine, page 252, et Schellen, Fünfte Auflage, s. 154.

[3] Sabine, page 255. Schellen, s. 155.

Pont ou losange de Wheatstone pour la mesure des grandes
résistauces 40 00
Wheatstone's bridge. . . . .   £ 1. 12. 0
WHEATSTONE'SCHE BRÜCKE. . . . .   16 fl. 00 kr.

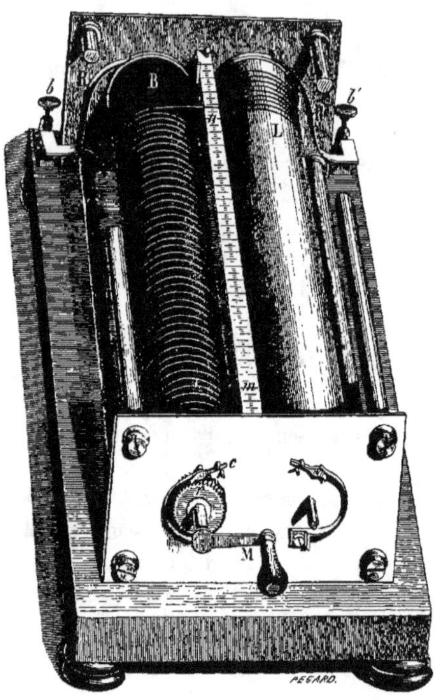

Fig. 12.

Pont de Wheatstone avec mètre divisé (fig. 14). 90 00
Wheatstone's bridge, with divided meter. . . . .   £ 5. 12. 0
WHEATSTONE'SCHE BRÜCKE MIT GETHEILT METER. . . . .   36 fl. 00 kr.

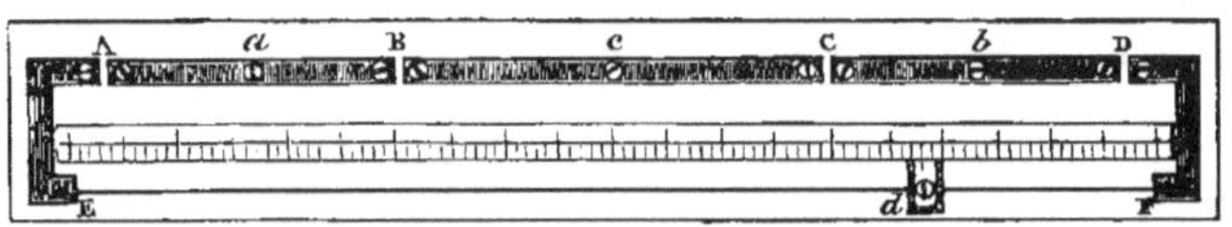

F 14

MESURE DE L'INTENSITÉ

MEASUREMENT OF INTENSITY OR QUANTITY

MESSUNG DER STROMSTÄRKE

Boussole différentielle simple   (fig. 10). 10 00
—   —   verticale (fig. 125). 20 00
Rough   differential galvanometer (fig.   10). . . . . . .   £ 0.   8. 0
Vertical   —   —   (fig. 125). 0. 16. 0
DIFFERENTIAL GALVANOMETER, EINFACHER CONSTRUCTION (FIG. 10)   4 fl. 00 kr.
VERTIKAL DIFFERENTIAL GALVANOMETER (FIG. 125).   8   00

Fig. 133.

Galvanomètre de Bourbouze, à sensibilité variable (fig. 133).   250 00
Lecture table galvanometer, by Bourbouze. Sensibility va-
riable at will. . . . .   £ 10. 0. 0
GALVANOMETER NACH BOURBOUZE, FÜR SCHULEN. . . . .   100 fl. 00 kr.

Boussole d'inspecteur, petit modèle, dans un étui, avec une aiguille de rechange. 40 00

Detector or linemen's galvanometer, for testing lines during construction and working, in leather case, with one spare needle. . . . . £ 1. 12. 0

Inspector bussole, in einer büchse mit einer vorräthiger nadel. . . . . , ... 16 fl. 00 kr.

Boussole d'inspecteur, grand modèle, avec suspension Cardan, vrille et support pour fixer l'instrument à un poteau. 125 00

Linemens's galvanometer, large size. . . . . £ 5. 0. 0

Inspector bussole, grosses model. . . . . 51 fl. 00 kr.

Galvanomètre à aiguilles astatiques, différentiel, suspension à fil de cocon.

    Pour courants thermo-électriques. 120 00
    Pour courants ordinaires. 140 00
    Très-sensible, à 25,000 tours. 250 00

Silk-suspended galvanometer, astatic, differential.

    For thermo electric currents. . . . . £ 4. 16. 0
    For hydro electric currents. 5. 12. 0
    High sensibility, 25,000 turns of wire. 10. 0. 0

Galvanometer, mit astatischen nadeln auf einer coconfaden gehängt, differential.

    Für thermoelektrischen stromen. . . . . 48 fl. 00 kr
    Für gewöhnlichen stromen. 56 00
    Für sehr schwachen stromen, mit 25,000 umwindungen. 100 00

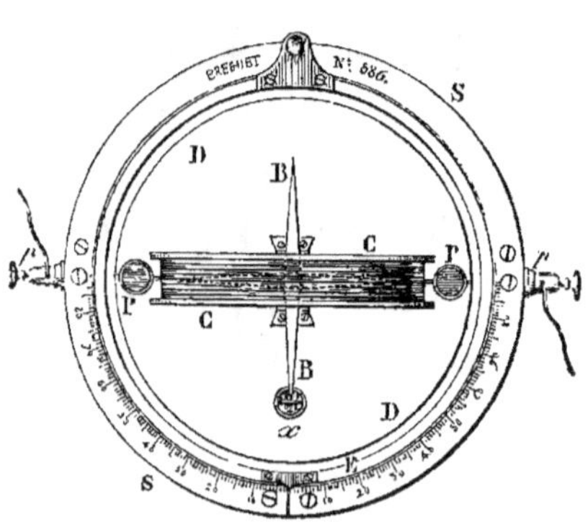

Fig. 15.

Boussole des Sinus pour stations télégraphiques (fig. 15). . 35 00
Sine galvanometer for telegraph stations. . . . . £ 1. 8. 0
Sinus bussole für telegraph stationen. . . . . 14 fl. 00 kr.

Boussole des sinus (fig. 16), avec lunette, suspension de fil
de cocon. 250 00
Sine galvanometer, silk-suspended, with telescope. . . . . .   £ 10. 0. 0
Sinus bussole, mit fernrohr. . . . . 100 fl. 00 kr·

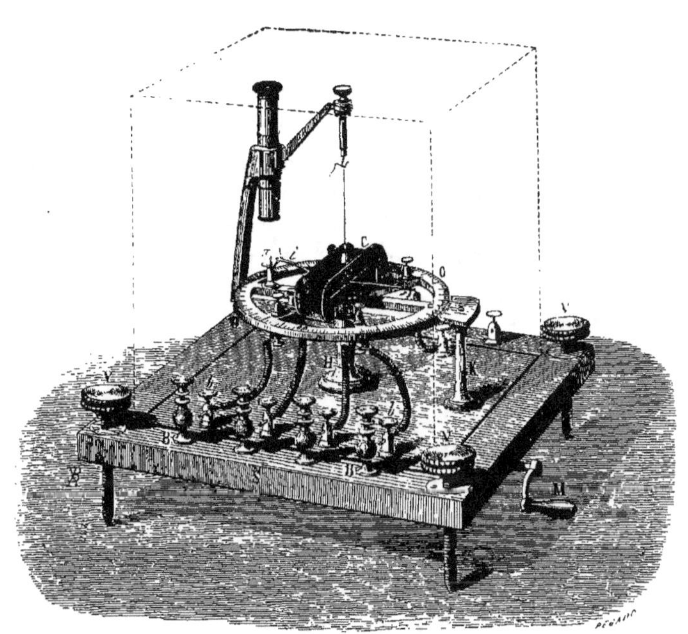

Fig. 16.

Boussole des tangentes et des sinus. 500 00
Tangent and sine galvanometer.. . . . .   £ 20. 0. 0
Tangenten und sinus bussole . . . .   200 fl. 00 kr.

Galvanomètre à réflexion, du professeur Carl, modèle alle-
mand. 250 00
Carl's reflecting galvanometer. . . . .   £ 10. 0. 0
Spiegel galvanometer von Carl. . . . .   100 fl. 00 kr

Galvanomètre à réflexion de Thomson. 250 50
Thomson's reflecting galvanometer. . . . .   £ 10. 0. 0
Spiegel galvanometer von Thompson. . . . .   100 fl. 00 kr.

Galvanomètre à réflexion astatique de Thomson (. . . . .). .   450 00
     Le même, différentiel.. . . . .   550 00
Thomson's astatic reflecting galvanometer.. . . . .   £ 18. 0. 0
     Ditto differential.. . . . .   21. 0. 0

Astatisches spiegel galvanometer von Thomson.. . . . . . . 180 fl. 00 kr.
    Dasselbe differential. 210   00

Appareil de dérivation (shunt) avec 3 résistances, $\frac{1}{9}$, $\frac{1}{99}$, $\frac{1}{999}$,
de la résistance du galvanomètre. 60 00
Set of 3 shunts, $\frac{1}{9}$, $\frac{1}{99}$, $\frac{1}{999}$, of the resistance of the galva-
nometer. . . . . £ 2. 8. 0
Drei zweige von $\frac{1}{9}$, $\frac{1}{99}$, $\frac{1}{999}$, der widerstand des galvano-
meters.. . . . . 24 fl. 00 kr.

Galvanomètre différentiel à double shunt, de Clark. 250 00
Clark's double shunt differential galvanometer. . . . . . . £ 10. 0. 0
Differential galvanometer von Clark mit zwei zweige. . . 100 fl. 00 kr.
Voltamètre. — *Voltameter.* — Voltameter, de 6 fr. a. . 15 00

— — —

MESURE DES TENSIONS

TENSIONS MEASUREMENT

MESSUNG DER SPANNUNG

Électromètre de Peltier.. . . . . 100 00
Peltier's electrometer. . . . . £ 4. 0. 0
Elektrometer von Peltier.. . . . . 40 fl. 00 kr.

Électromètre de Thomson.. . . . . 500 00
Thomson's divided ring electrometer. . . . . £ 20. 0. 0
Thomson'sche elektrometer.. . . . . 200 fl. 00 kr.

Électromètre à décharge de Gaugain.. . . . . 50 00
Gaugain's discharge electrometer. . . . . £ 2. 0. 0
Gaugain'sche elektrometer. . . . . 20 fl. 00 kr.

MESURE DES EFFETS CALORIFIQUES

Thermomètre Breguet pour les courants.. . . . . 90 00
Breguet's thermometer (fig. 7). . . . . £ 3. 12. 0
Thermometer nach Breguet. . . . . 56 fl. 00 kr.

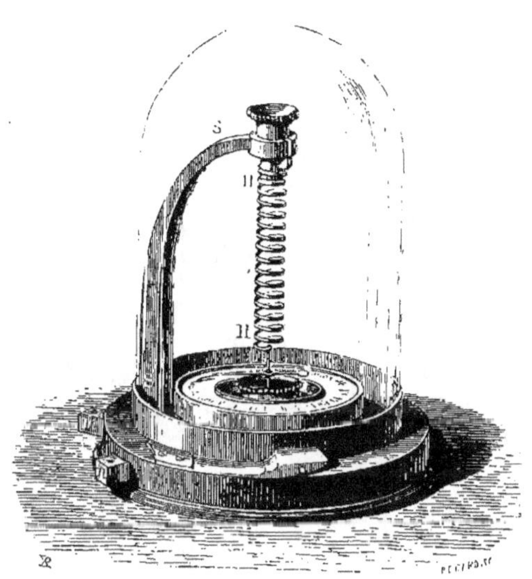

Fig. 7.

Thermomètre de Riess modifié, pour l'inscription graphique. 50 00
Riess thermometer modified by Mascart. . . . . £ 2. 0. 0
Thermometer nach Riess geändert von Mascart.. . . . . . . 20 fl. 00 kr.

Thermo-rhéomètre de Jamin. 50 00

APPAREILS ACCESSOIRES

ACCESSORIES

ZUBEHÖRDEN

Commutateur à court circuit, à bouchon. 6 00
Short circuit key. . . . .   ₤ 0. 5. 10
Aus und einschalter, mit stöpsel.. . . . .   2 fl. 40 kr.

Inverseur (fig. 75).   20 00
Reversing switch, for changing the direction of currents
   in circuits. . . . . • . . . .   ₤ 0. 16. 0
Stromwender. . . . .   8 fl. 00 kr.

Inverseur de Berlin (voir Ganot, édition de 1872, fig. 696).   20 00
Bertin's reversing switch. . . . .   ₤ 0. 16. 0
Stromwender nach Bertin. . . . .   8 fl. 00 kr.

TROISIÈME PARTIE

SIGNAUX ÉLECTRIQUES

DES CHEMINS DE FER

RAILWAY ELECTRIC SIGNALLING

EISENBAHN SIGNALE

APPAREIL RÉPÉTITEUR DE SIGNAL FIXE

REPEATING BELL FOR SEMAPHORES

CONTROL KLINGER FÜR EISENBAHN SIGNALEN

1 sonnerie trembleuse avec plaques de paratonnerre (modèle du Nord).	22 00
1 boîte pour abriter la sonnerie.	10 00
1 commutateur de disque (modèle du Nord).	20 00
8 éléments à 1 fr. 50.	12 00
2 presses à pile.	1 50
1 boîte à pile.	12 00
Fil de gutta-percha et accessoires divers.	4 00
60 kilog. [1] de fil de fer galvanisé de 3^{mm}, les 100 kil. à 90 fr.	54 00
12 cloches de suspension complètes à 1 fr. 10 cent. l'une.	13 20
1 cloche d'arrêt double complète.	4 00
2 cloches d'arrêt simples complètes, à 2 fr. 25.	4 50
Total.	157 20

Ces appareils fonctionnent avec de légères modifications sur tous les chemins français; ils sont décrits dans l'*Étude sur les signaux des Chemins de fer* de M. Brame, ingénieur des ponts et chaussées (Dunod, éditeur).

[1] Nous supposons le disque à 1,000 mètres de la gare.

APPAREIL POUR ACCUSER LE PASSAGE DES TRAINS

SYSTÈME TESSE ET LARTIGUE

En usage sur le chemin de fer du Nord

Commutateur à soufflet pour passage à niveau ou pour en-
trée ou sortie de tunnel. 90 00
Sonnerie spéciale pour passage à niveau. 30 00
Pédale pour commutateur à soufflet. 400 00

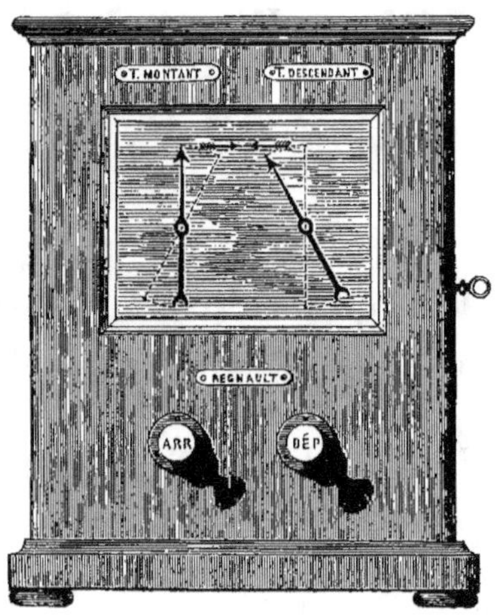

SIGNAUX POUR ASSURER LA SÉCURITÉ DES TRAINS EN MARCHE

TRAIN SIGNALLING

SYSTÈME REGNAULT

En usage sur le chemin de fer de l'Ouest

Détail des appareils pour une station de tête et pour une
ligne à deux voies :

    1 indicateur Regnault. 300 00
    1 sonnerie trembleuse à relai. 70 00
    1 paratonnerre (système Noblet) 20 00
    1 tablette avec consoles. 60 00

               Total. 450 00

Voir pour la description de ces appareils la *Télégraphie électrique* de M. Gavarret.
Paris, 1861. Victor Masson et fils.

SYSTÈME PREECE

Sémaphore.	120 00
Levier de sémaphore.	36 00
Sonnerie indicateur	135 00
Plongeur (bouton de sonnerie).	21 00
Sémaphore double.	220 00
Sémaphore nouveau (système à un fil).	

Ce système a été écrit par M. Preece dans sa brochure *On Railway Electric Signalling*. London, 1865. — Truscott, Son and Simmons.

Sémaphore répétiteur de Preece.	120 00

SYSTÈME TYER

**En fonction sur les chemins de fer de l'Est et de Lyon
et sur le chemin de fer de ceinture de Paris,**

Indicateur (pour une direction).	250 00
Plongeur (bouton de sonnerie)	40 00
Tablette pour ces appareils (pour une direction)	45 00

Ces systèmes de signaux ont pour objet de prévenir les collisions de trains, sur les lignes une ou à deux voies. La combinaison consiste à diviser la ligne en sections et à ne jamais engager un train sur une section, à moins d'être assuré par les appareils électriques qu'elle est entièrement libre. Si le service est actif, on fera les sections fort courtes (2 ou 3 kil.) et les trains pourront se suivre à des intervalles de temps très-courts. C'est ainsi que sur le chemin de fer de Ceinture les trains pourraient être lancés de trois en trois minutes sans la possibilité d'une collision.

Ce système d'exploitation, pratiqué en Angleterre sous le nom de *block system*, s'appelle en France *système du cantonnement* ou *système de l'espace*, par opposition au *système du temps*, qui consistait à ne jamais lancer un train que dix minutes après le départ du précédent. Cette combinaison ne donnait pas une sécurité absolue, et il est arrivé trop souvent que des trains lents ou arrêtés par une cause quelconque ont été rattrapés par d'autres et tamponnés.

Les appareils Regnault et Preece ont un avantage particulier résultant de ce que le courant qui ferme la voie passe d'une manière continue pendant la marche du train sur la section considérée.

L'appareil Regnault atteint ce résultat avec deux fils pour les lignes à deux voies et avec un seul fil sur les lignes à une voie.

QUATRIÈME PARTIE

TÉLÉGRAPHIE DOMESTIQUE

HOUSE TELEGRAPHS

HAUSTELEGRAPHIE

SONNETTES ÉLECTRIQUES

ELECTRIC BELLS

KLINGELN, GLOCKEN

I

APPAREILS — APPARATUS — APPARATE

Sonnette trembleuse ordinaire, forme pendante (fig. 111).

Timbre de	$0^m,07$ de diamètre		15 00
—	$0^m,09$	—	18 00
—	$0^m,10$	—	22 00
—	$0^m,12$	—	27 00
—	$0^m,18$	—	40 00

Trembling bell, hanging shape.

Diameter of bell.	2 $^3/_4$ inch		£ 0. 15. 0
—	3 $^1/_2$	—	0. 18. 0
—	4	—	1. 2. 0
—	4 $^3/_4$	—	1. 7. 0
—	7	—	1. 15. 0

DURCHMESSER DER GLOCKE IN CENTIMETERN.	7	6 fl. 00 kr.
— — —	9	7 20
— — —	10	8 80
— — —	12	10 80
— — —	18	16 00

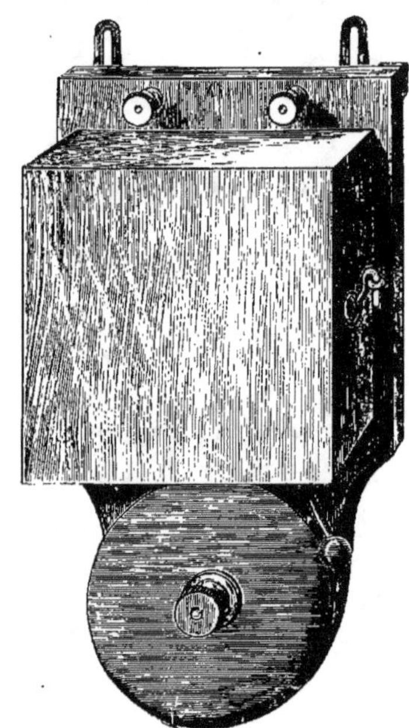

Fig. 111.

Sonnette forme cubique (fig. 36) en plus. 2 00
Trembling bell, cubic shape, extra. . . . . £ 0. 2. 0
KLINGEL ZUM AUFSTELLEN. . . . . 0 fl. 80 kr.

Sonnettes à un coup (fig. 110), mêmes prix que les trem-
bleuses . . . .
Single stroke bells, same price as the trembling. . . . . . .
EINSCHLÄGIGE GLOCKEN, DERSELBE PREIS WIE DIE OBEREN.. . .

Sonnette à deux timbres de 0^m,09 (fig. 100). 50 00
Double action bell (two bells of 3 ½ inches). . . . . £ 2. 0. 0
DOPPEL KLINGEL. . . . . 20 fl. 00 kr.

Fig. 56.

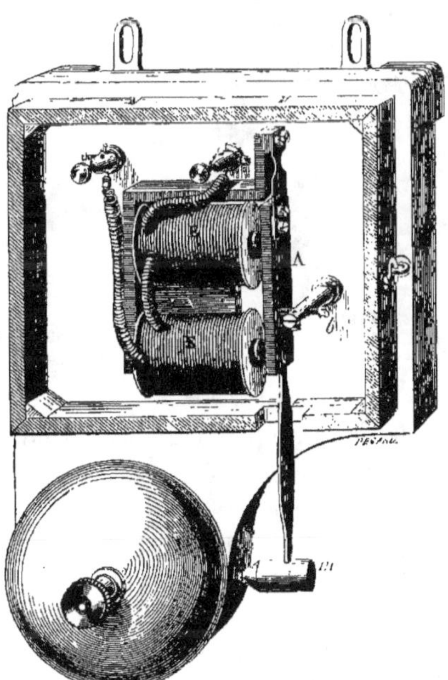

Fig. 110.

Tableau indicateur (fig. 80 et 81) à six numéros et au-des-
sous. Par numéro. 15 00
    Les numéros suivants.. . . . . 12 00
Indicator-boxes — ebony front — made of various woods
* at per indicator.* . . . . ₤ 0. 12. 0
*   For each indicator after the first six in the same box.* 0. 10. 0
Tableau zeiger nach Breguet. Pro nummer.. . . . . 6 fl. 00 kr. /
    Für mehr als. 6 nummern. 4   80

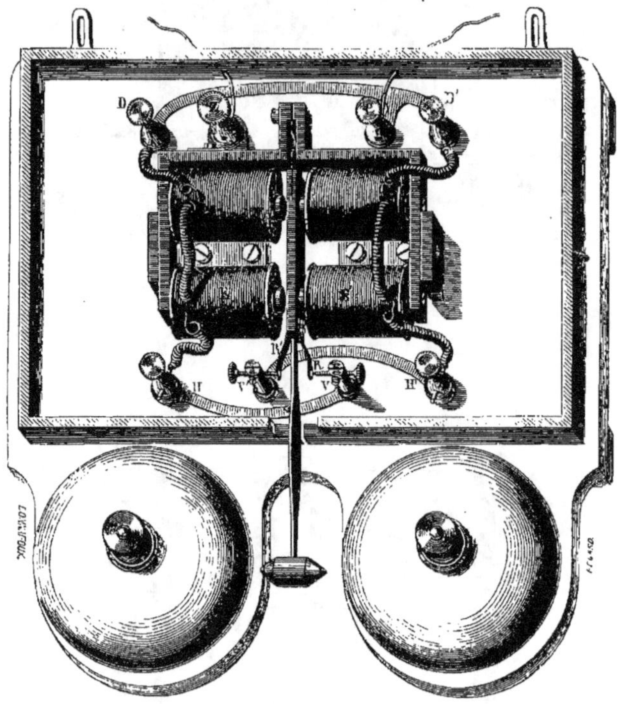

Fig. 100.

Tableau indicateur à face de verre (fig. 112), mêmes prix.
Glass front Indicator box, same prices.
Tableau zeiger (fig. 112), dieselben preise wie die oberen.

Bouton d'appel simple, bois divers (fig. 78, 78 *bis* et *ter*),
  ébène, chêne, palissandre, noyer, acajou, buis, spa.. . . 3 00
    Id. porcelaine blanche, de 3 fr. à. 4 00
    Id. porcelaine à filets dorés. 5 00
    Id. porcelaine décorée. 6 00
    Id. ivoire, de 7 fr. à. 10 00
    Id. bois durci, de 3 fr. 50 et. 4 00

Call buttons, made of woods of all descriptions ebony, oak,
rosewood, walnut, mahogany, boxwood, sycamore. . . .   £ 0. 5. 0

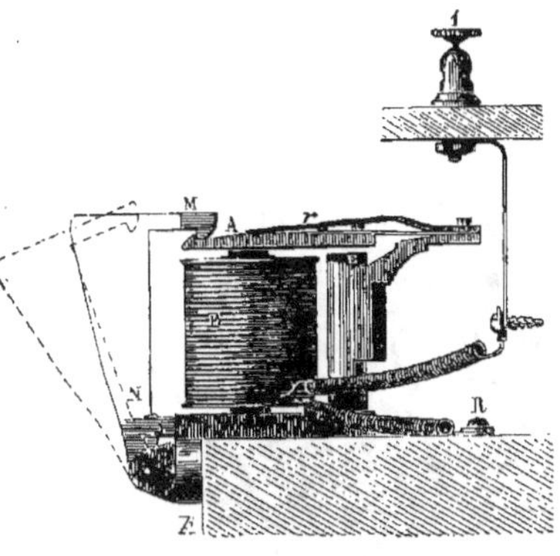

Fig. 80.

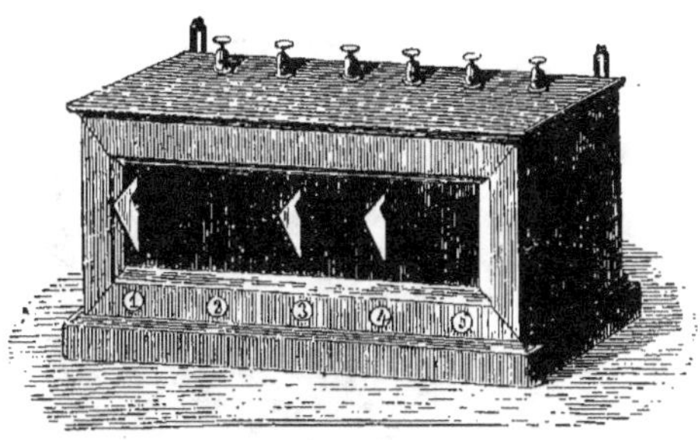

Fig. 81.

Do. in porcelain, £ 0. 5. 0 *to.* 0. 4. 0
Do. in porcelain with gold lines. 0. 5. 0

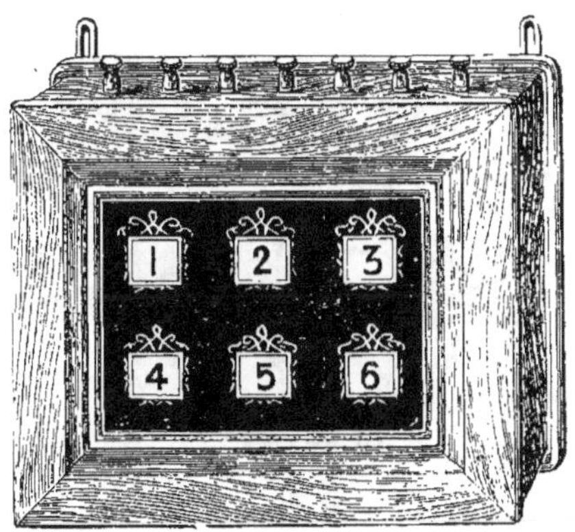

Fig. 112.

Do. in painted porcelain. 0. 6. 0
Do. ivory, £ 0. 6. 0 *to.* 0. 10. 0
Do hardened wood (black). 0. 3. 6

Druck knöpfe, in verschiedener holzart, ebenholz, eiche,
polysander, nussbaum, mahagoni, buchs, spa. . . . . 1 fl. 20 kr.
  Do. von porzellan weiss, 1 fl. 20 kr., bis. 1 60
  Do. — vergoldet. 2 00
  Do. — verziert. 2 40
  Do. von elfenbein, 2 fl. 80 kr., bis. 4 00

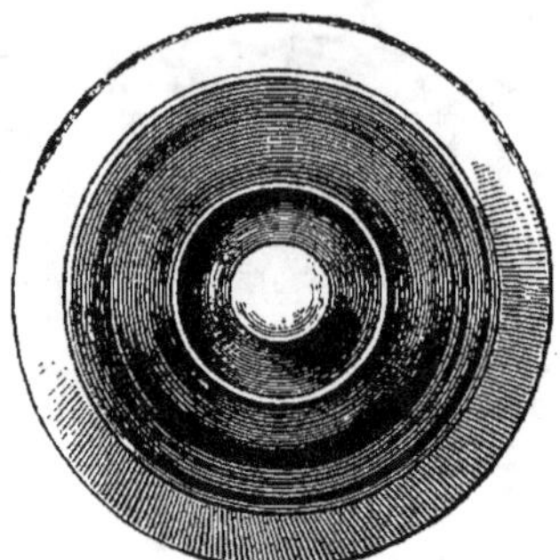

Fig. 78.

Fig. 78 *bis.*

Bouton d'appel à cordon de sonnette. 6 00
Call button to use with a cord.. . . . . ₤ 0. 6. 0
. . . . 2 fl. 40 kr.

Fig. 78 *ter*

Bouton d'appel, forme poire (fig. 103) bois divers 3 50
  — — ivoire. 11 00
Pear shaped call button, in various woods. . . . . ₤ 0. 3. 6
  — — *ivory* 0. 11. 0
Birnenknöpfe von verschiedener holzart.. . . . . 1 fl. 40 kr.
  — von elfenbein. 2 40

Cordon pour les boutons d'appel poires, en soie, de différentes couleurs, le mètre. 3 00
Silk rope for pear shaped buttons, of various colours, per yard. . . . .   £ 0. 3. 0
Leitungsschnur zu birnenknöpfen, pro meter.. . . . .   1 fl. 20 kr.
Macaron pour fixer le haut du cordon au plafond, bois divers.   3 00

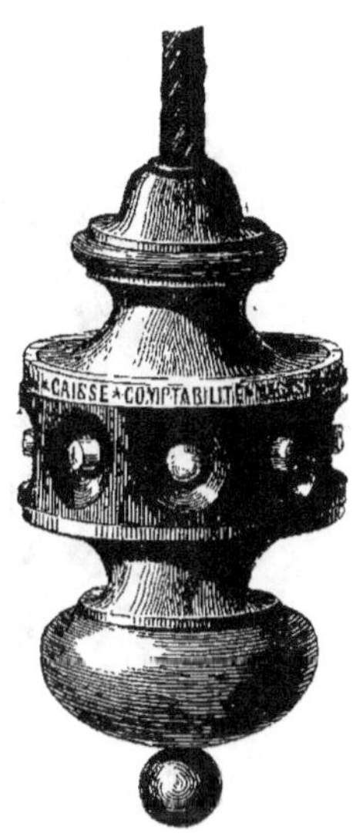

Fig. 103.   Fig. 104.

Bouton d'appel multiple (fig. 104), à 5 directions. 40 00
  Pour chaque direction en sus. 4 00
Compound call button, 5 buttons. To be suspended from ceiling.. . . . .   £ 2. 0. 0
  For each button above five, extra. 0. 4. 0
Knöpfe für 5 leitungen nach verschiedenen orten. . . .   16 fl. 00 kr·
  Jede leitung mehr.   1   60

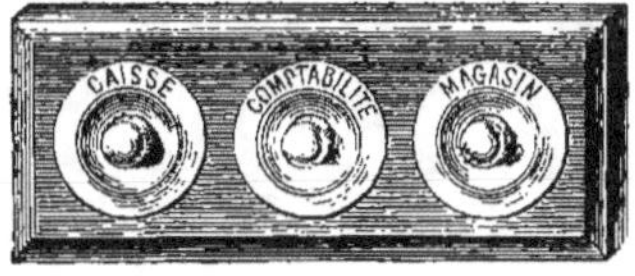

Fig. 105.

Cordon pour bouton multiple, soie de couleur, par direction et par mètre. 1 50
Silk rope for compound button, per line and per yard. .   £ 0. 1. 3
Leitungsschnur dazu, für jede leitung und pro meter . .   0 fl. 60 kr.

Macaron pour tenir le cordon au plafond. 10 00

Bouton d'appel multiple rectangulaire (fig. 105), par di-
rection.. . . . .   3 00
Compound call button, to be placed upon a table, per button   £ 0. 3. 0
Transportable knöpfe (fig. 105), für leitung. . . . . . .   1 fl. 20 kr.

Bouton d'appel de porte extérieure, rond, en laiton ou nicke-
lisé, de 6 à 14 centimètres, de 15 à. 25 00

Fig. 109.

Do. carré sur marbre (fig. 109), petit. 30 00
— — grand. 40 00
Sur marbre onyx, en plus. 3 00
Out-door bell-pull, circular, brass or nickelized from $2\frac{1}{2}$
in to $5\frac{1}{2}$ in., diameter, £ 0. 12. 0 to. . . . .   £ 1. 0. 0
Do. Square mounted on marble plinth, small.. . . . .   1. 10. 0
— — *large. . . . .*   2. 0. 0
Haus oder entreethür knöpfe. Kleine.. . . . .   6 fl. 00 kr.
Grosse.   10   00
Zug knöpfe von marmor mit messing platte. Kleine.   12   00
— — Grosse.   16   00

II

FILS CONDUCTEURS — WIRES — LEITUNGS DRÄHTE

Fils de cuivre n° 4 D, recouvert d'un enduit isolant et de
deux couches de coton, de toutes couleurs. Le mètre,
non posé. 0 10
tout posé.. . . . .   0 30
Le kilog. 13 00

Copper wire covered with an insulating material and two coats of cotton, any colour. Per yard . . . .   ₤ 0. 0. 1

Per lb. 0. 4. 9

Kupferdraht mit baumwolle isolirt, in allen farben. Pro meter   0 fl. 04 kr.

—   —   —   Pro kilog.   4   40

Fil de cuivre de $0^{mm},9$, recouvert de gutta-percha à 2^{mm} et de coton n° 4 D. Le mètre. 0 18

Le kilog.. . . . .   16 00

Copper wire coated with gutta-percha and an over coating of cotton. Per yard.. . . . .   ₤ 0. 0. $1\frac{1}{2}$

Per kilog. . . . . · 0. 15. 5

Gutta-perchadraht mit baumwolle besponnen. Pro meter .   0 fl. 07 kr.

—   —   Pro kilog. . .   6   40

Fil de cuivre étamé, recouvert de caoutchouc et de ruban, le mètre.   0 20

Tinned copper wire covered with india rubber and an over coating of felt, per yard.. . . . .   ₤ 0. 0. 2

Verzinnter kupferdraht, isolirt mit kautschuk und band, pro meter. . . . .   0 fl. 08 kr.

Fil de cuivre recouvert de soie, n° 6, le mètre. 0 20

—   —   le kilog.. . . . .

Copper wire coated with silk, per yard. . . . .   ₤ 0. 0. 2

Kupferdraht isolirt mit seide, pro meter. . . . .   0 fl. 08 kr.

Isolateurs en os (couleurs diverses), l'un.. . . . .   0 05

—   (tout posé), l'un. 0 10

Bone insulators, per dozen. . . . .   ₤ 0. 1. 6

Isolir-rollen von knochen in verschiedenen farben, ein stück.. . . . .   0 fl. 02 kr.

Tube de gutta-percha pour la traversée des murs, le mètre.   2 00

Gutta-percha tube. . . . .

Gutta-percha röhre . . . .

Perçage de trous dans la pierre, le mètre. 3 50

Baguettes creuses pour cacher les fils, le mètre. 0 30

Crampons gros,   le cent.. . . . .   1 00

—   moyens,   — 0 75

—   petits,   — 0 50

Voir pour les autres fils recouverts de gutta-percha, de soie et de coton, 1re partie, page 52.

Voir pour les fils de fer galvanisés pour les conducteurs à placer en plein air, 1re partie, page 36.

III

PROJET DE DEVIS POUR L'INSTALLATION DE SONNETTES, ETC.

DANS UNE MAISON SISE A PARIS

15 boutons d'appel (pour 15 chambres, salons, etc.) : l'un 3 fr..	45 00
1 tableau indicateur à 15 numéros.	
Les six premiers à 15 fr.. . . . 90 fr.	
Les neuf autres à 12 fr.. . . . 108 fr.	198 00
2 sonnettes électriques à 15 et 18 fr.	33 00
50 mètres de fil conducteur par chambre, soit 750 mètres à 0,30.	225 00
10 mètres de trous percés à 3,50..	35 00
11 mètres de tube et gutta à 2 fr..	22 00
10 isolateurs par chambre, soit 150 isolateurs à 0,10.	15 00
3 mètres de baguette creuse à 0,30.	00 90
8 éléments Leclanché à 4 fr.	32 00
Total.	705 90

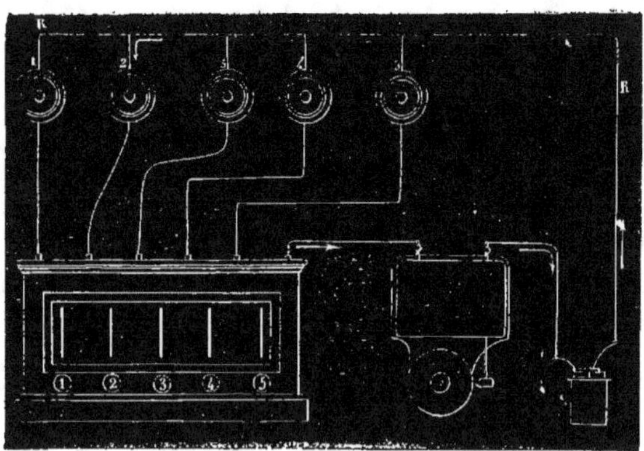

Fig. 82.

Plan d'un système complet de sonnettes (fig. 82). — *Plan of a complete system of electric Bells.*

Pour les travaux à faire en province ou à l'étranger, il faut ajouter : 1° les frais de voyage en 2ᵉ classe d'un employé, ou deux s'il s'agit d'un travail considérable ; 2° les frais de séjour de l'employé.

PORTE-VOIX

SPEAKING TUBES

SPRACHROHRE

Tubes de laiton,   posés, le mètre 5 50
—   non posés,   — 2 00
Tubes de fer-blanc, posés. 3 00
Coude. Prix d'un mètre de tube.. . . . .   2 00
Manchon.. . . . .   0 30
Tuyau élastique, le mètre. 4 00
Sifflet de palissandre. 4 00
Manchon double à vis.. . . . .   1 50
Perçage de trous dans la pierre tendre, le mètre. . . .   6 00

SIXIÈME PARTIE

HORLOGERIE ÉLECTRIQUE

ELECTRIC CLOCKS

ELEKTRISCHE UHREN

Pendule électrique à inversement à minutes (fig. 74) pour
lanternes à gaz. 75 00
    La même, dans une boîte de bois pour bureaux. . . . 75 00
        —   dans une boîte de marbre,. 110 00
        —   avec cadran de $0^m,60$ pour ateliers et cours. 200 00
Electric time repeater, for street lamps (fig. 74). . . . . . . £ 3. 0. 0
        —   *in a wooden case for offices.* . . . 3. 0. 0
        —   *in a marble case.* 4. 8. 0
        —   *with a dial of 60 ${}^c/^m$ diameter for*
          workshops and Rly stations. . . . 8. 0. 0
ELEKTRISCHE UHR, NACH BREGUET (fig. 74); FÜR STRASSEN
      LATERNE. . . . . 50 fl. 00 kr.
      —   IN EINER HÖLZERNEN GEHÄUSE FÜR COMP-
        TOIRE 50   00
      —   IN EINER MARMOR UMFASSUNG. 44   00
      —   ZIFFER BLATT, 60 CMTR DURCHMESSER. . . . 80   00

Régulateur électrique à inversement, balancier d'un mètre,
boîte de chêne. 600 00
Electric regulator, sending reverse currents, seconds pen-
dulum, oak case. . . . . £ 24. 0. 0
ELEKTRISCHE NORMALUHR, STROMWENDER, SECUNDE-PENDEL, EI-
CHEN KASTEN. . . . . 240 fl. 00 kr.

Régulateur électrique à inversement, balancier à demi-se-
condes, boîte de marbre.. . . . .   250 00
Electric regulator sending reverse currents, half seconds
pendulum, marble case.. . . . .   ₤ 10. 0. 0
ELEKTRISCHE NORMALUHR, STROMWENDER, $^1/_2$ SECUNDE-PENDEL,
MARMOR UMFASSUNG . . . .   100 fl. 00 kr.

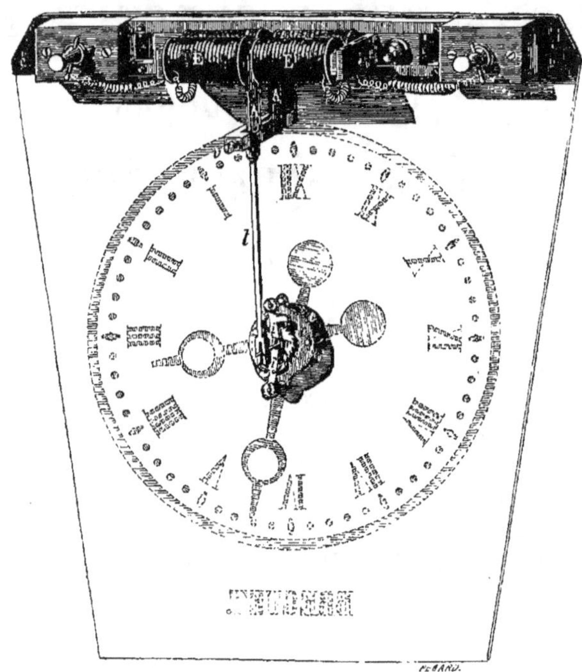

Fig. 74.

Ces pendules à inversement n'exigent qu'un courant constant, peu énergique; deux éléments Daniell
à ballon suffisent pour chaque pendule. Pour diminuer
la pile, on peut disposer les pendules en deux ou trois
circuits, ce qui permet de réduire à moitié ou au tiers le
nombre des éléments de la pile.

SEPTIÈME PARTIE

APPAREILS ET MATÉRIAUX

POUR L'EXPLOSION DES MINES

INSTRUMENTS AND MATERIALS

FOR THE EXPLOSION OF MINES

APPARATE UND MATERIALIEN

FÜR MINENSPRENGEN

EXPLOSEURS MAGNÉTO-ÉLECTRIQUES

MAGNETO EXPLODERS

MAGNETELEKTRISCHE EXPLODER

Exploseur Breguet, petit (modèle 1872), capable d'enflam-
mer 2 amorces d'Abel (fig. 129).. . . . .   100 00
Exploseur ordinaire (modèle 1869), capable d'enflammer 8
amorces. 200 00
Exploseur grand modèle, capable d'enflammer 12 amorces.   500 00
Breguet's exploder, to explode two Abel fuzes (model of
1872). . . . .   £   4. 0. 0
Same (model of 1869), to explode eight Abel fuzes. . . .   8. 0. 0
Same (model of 1871), to explode twelve Abel fuzes. . . .   12. 0. 0
EXPLODER NACH BREGUET, KLEINER MODEL, FÄHIG MIT 2 ABELS-
CHEN PATRONEN SPRENGEN ZU MACHEN. . . . .   40 fl. 00 kr.
DERSELBE (MODEL VON 1869) FÄHIG MIT 8 PATRONEN   80   00
DERSELBE (GROSSES MODEL), FÄHIG MIT 12 PATRONEN   120   00

La puissance des appareils est indiquée par le nombre d'amorces Abel qu'on peut enflammer en un seul circuit. Nous avons construit des appareils plus forts que ceux mentionnés plus haut; nous avons pu enflammer 20 amorces Abel en un seul circuit, et on pourrait aller au delà ; mais cette grande puissance de l'appareil n'est utile que dans des cas tout spéciaux.

D'ailleurs, les amorces de Champion et d'autres encore sont plus sensibles que celles d'Abel, c'est-à-dire qu'un même appareil peut en enflammer un nombre plus grand

Fig. 129.

La figure 129 représente l'exploseur tel qu'il était au début; depuis longtemps on le construit avec des aimants en fer à cheval proprement dits, qui sont plus puissants que ceux du type représenté figure 129. On emploiera bientôt les aimants Jamin, qui présenteront divers avantages.

AMORCES — FUZES — PATRONEN

Amorces expérimentales d'Abel. 0 20
   —   à canon, l'une. 0 75
   —   sous-marines, l'une 0 75
   —   pour enflammer la dynamite, l'une. 1 00
   —   —   —   à tête de bois, l'une.   1 00
Boîte contenant une série d'échantillons desdites amorces.   5 00
Amorce de Champion. 0 20
Experimental Abel fuze, each . . . .   £ 0. 0. 2
Gun fuze, each. 0. 0. 7
Submarine d°, each. 0. 0. 10
For dynamite, each.. . . . .   0. 0. 10
Box of samples, each. 0. 4. 0
Champion's fuze 0. 0. 2
EXPERIMENTAL ABELSCHE PATRONE. . . . .   0 fl. 08 kr.
DIESELBE FÜR CANONEN   0   50
DIESELBE UNTER WASSER ZU ENTZÜNDEN   0   50
DIESELBE FÜR DYNAMIT ZU ENTZÜNDEN.   0   40
KÄSTCHEN ENTHALTEND EINE WAHL VON PATRONEN   2   00
CHAMPIONSCHE PATRONE   0   08

CABLES A DEUX CONDUCTEURS

CABLES OF TWO CONDUCTORS

KABELN MIT ZWEI LEITUNGEN

Deux fils de cuivre de 7/10 $^{m/m}$ couverts chacun de gutta-
percha, placés côte à côte, puis recouverts d'un ruban de
coton caoutchouté (n° 14), le kilogramme. 18 00
   Le mètre. 00 28

Deux fils de cuivre de 7/10 1/2 couverts chacun de gutta-
percha et guipés de coton. placés côte à côte et réunis ensemble par un guipage de coton (n° 15), le kilogramme.   15 00
    Le mètre. 00 18

Bobine de bois avec manivelle pour enrouler et dérouler ra-
pidement le câble. 20 00
Crochet pour porter à dos la bobine et l'exploseur. 35 00
Drum with handle for winding and unwinding rapidly the
cable . . . .   £ 0. 16. 0
Brace to carry drum and exploder. 1. 8. 0
Rolle, mit kurbel, um schnell den kabel ab und auf zu
rollen.. . . . .   8 fl. 00 kr·
Hotte um exploder und rollen auf den rücken zu tragen.   14   00

CABLES A UN CONDUCTEUR

Fil de cuivre destiné à établir les communications accessoi-
res dans l'intérieur des mines, etc., recouvert de gutta-
percha (n° 5), le mètre. 00 15
    Le kilogramme. 16 00
Corde à sept fils de cuivre de 1 $^{m}/_{m}$,14, gutta-percha, trois
gaînes à 9 $^{m}/_{m}$, tresse de filin goudronné (n° 11), le
mètre. 1 56
Corde à trois fils de cuivre de 1 $^{m}/_{m}$,14, gutta-percha, trois
gaînes à 7 $^{m}/_{m}$, tresse de filin goudronné (n° 12), le
mètre.. . . . .   1 05
Corde de quatre fils de 5/10 guipé de coton, gaîne de composition isolante à 3 $^{m}/_{m}$,5, guipage de phormium, deux
rubans caoutchoutés (n° 13), le mètre. 00 40

APPAREILS

Pour l'inflammation de la poudre par la pile

APPARATUSES

For exploding powder with batteries

APPARATE

Um das Pulver durch Batterie explodiren zu machen

Pile au bichromate de potasse à quatre éléments en bois
blanc, montage simple. 18 00
Pile au bichromate à 12 éléments, boîte d'acajou, flacons à
l'émeri, montage à ressort.. . . . . 140 00
    La même à seize éléments. 180 00
Élément au bichromate, dit d'*Arras*. 7 00
Bichromate de potasse en cristaux, le kilog. 5 50
Solution de bichromate et d'acide sulfurique, le litre. . . . 1 25
Amorce à fil de platine. 1 00
Chromate of potash battery, 4 elements, in a common
    wood case. . . . . £ 0. 14. 6
Same battery, 12 elements, in mahogany case. 5. 12. 0
Same battery, 16 elements, mahogany case. 7. 4. 0
Single element. 0. 5. 8
Platinum wire fuze 0. 0. 10
Chrombatterie von 4 elementen, in weissen holz kästchen,
    einfacher montirung. . . . . 7 fl. 20 kr.
Chrombatterie von 12 elementen, in mahagoni kästchen. . 56 00
Dieselbe von 16 elementen. 72 00
Chrom element. 2 80
Platin draht patrone. 0 40

MACHINES MAGNÉTO-ÉLECTRIQUES, voir à la 12ᵉ partie.

APPAREILS ET MATÉRIAUX ACCESSOIRES

ACCESSORIES (INSTRUMENTS AND MATERIALS)

ZUBEHÖRDEN (APPARATE UND MATERIALIEN)

Pile d'essai, dite bâton ou à eau, l'élément.	2 00
Pile Daniell, l'élément.	1 50
Boussole galvanométrique pour l'essai des circuits.	9 00
Pince plate et coupante (dite de treillageur).	3 50
Gutta-percha en feuilles pour recouvrir les soudures, le kilog.	20 00
Enduit Chatterton, le kilog.	18 00
Viseur fixe.	25 00
— mobile.	100 00
Poudre dynamite breveté de Nobel, n° 1, le kilog.	6 00
— — n° 3, —	4 50

(Emballage en sus.)

BIBLIOGRAPHIE

Notice sur les appareils magnéto-électriques brevetés de Breguet et sur leur application à l'explosion des torpilles et des mines en général. Prix. . . 2 50

Rapport sur l'application de l'électricité de différentes sources à l'explosion de la poudre par MM. Abel et Wheatstone. Traduit par Martenet, chef d'escadron d'artillerie. Paris, 1862.

A Treatise on Coast Defense, by von Scheliha, Lieutenant Colonel of the Army of the Late Confederate States of America. London, 1868.

Submarine Warfare Offensive and Defensive including Offensive Torpedo System, by Lieutenant Commander Barnes U. S. N. New-York, 1869.

Notice sur la dynamite, sa composition et ses propriétés explosives, par A. Brüll. Paris, 1870.

De la Dynamite et de ses applications au point de vue de la guerre, par Champion, lieutenant au génie volontaire. Paris, oct. 1870.

La Dynamite, substance explosive inventée par M. Nobel, ingénieur suédois. Collection de documents rassemblés par Paul Barbe. Paris, 1870.

On recent Investigations and applications of explosive agents, by F. A. Abel, F. R. S. Edinburgh, 1871.

Note sur les usages de la dynamite par M. Barbe. Comptes rendus de l'Académie des sciences. 30 octobre 1871.

Sur la force de la poudre et des matières explosives, par M. Berthelot. 2° édition. 3 50

La Dynamite et la Nitroglycérine par Champion. Paris, 1872. . . . . 3 50

Commission des mines sous-marines de Belgique. — Rapport sur la démolition du trois-mâts-barque *le Lisa Ribert*. (Autographié). Anvers. Mai 1871.

Isidor Trauzl, Oberlieutenant der K. K. Geniewaffe. — Explosive Nitrilverbindungen, Zweite Auflage. Wien, 1870.

Lückow — Ueber Sprengpulver (Verbesserter Lithofracteur). Deutz. Nov. 1869, in-12.

Von Neuman und von Kirn. — Archiv für die Artillerie und Ingenieur Offiziere des deutschen Reichsheeres. Berlin. 56tes Iahrgang, 71tes Band, 1tes Heft 1872. Versuche in England über Explosivstoffe.

Mémorial de l'officier du génie. 1872. Les Dynamites, étude théorique et pratique de quelques poudres dérivées de l'azote, par M. Fritsch, cap. du génie.

Ce dernier ouvrage contient une liste très-étendue des documents publiés jusqu'à ce jour relativement à ces questions.

HUITIÈME PARTIE

INSTRUMENTS DE MÉTÉOROLOGIE

Thermométrographe métallique Breguet 1500 00
Thermomètre métallique de poche, boîte d'argent 80 00
Pluviomètre de Babinet, avec son éprouvette 50 00
— compteur 70 00
Anémomètre des ponts et chaussées :
  Enregistreur de la direction et de la vitesse 500 00
  Moulinet de Robinson pour la vitesse 150 00
  Girouette simple 550 00

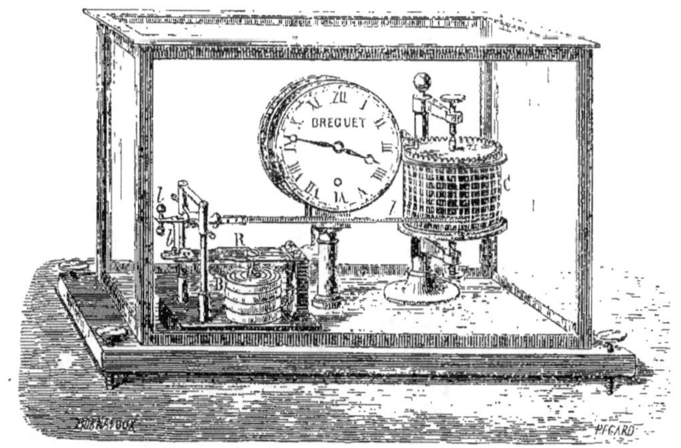

Fig. 202.

Baromètrographe (fig. 202) 500 00

NEUVIÈME PARTIE

BAROMÈTRES ANÉROÏDES POUR L'USAGE CIVIL

N°·	DIAMÈTRE (en cent.)	A CADRAN PLEIN — FERMÉ : CARTON Porcelaine	MÉTAL Gravé	ÉMAIL	GRAVÉ Thermomètre	A CADRAN OUVERT — A JOUR : CARTON Porcelaine	MÉTAL Gravé	ÉMAIL	GRAVÉ Thermomètre	CADRES Bois noir et thène (À ajouter au prix du Tarif)	CADRES en acajou noyer et palissandre (À ajouter au prix du Tarif)	A GLACE en plus	LUNETTES dorées en plus	SOCLES en bois noir et chêne	SOCLES en bois marbrés rouge ou vert
1	29	60 »	72 »	» »	77 »	66 »	78 .	» »	85 »	» »	10f. »	10 »	8 »	26 »	28 »
2	17	36 »	42 »	42 »	47 »	42 »	47 »	47 »	52 »	» »	6 »	4 »	5 »	12 »	13 »
3	12 ½	50 »	35 »	35 »	40 »	35 »	40 »	40 »	45 »	2f. »	» »	5 »	5 »	9 50	11 50
4	9	36 »	24 »	42 »	47 »	42 »	47 »	47 »	52 »	» »	6 »	4 »	5 »	12 »	13 »
5	6	» »	» »	» »	» »	» »	100 »	» »	» »	» »	» »	» »	» »	8 »	8 50

Baromètre à grande course, en sus des prix du Tarif, 5 fr.

Baromètre n° 3 avec thermomètre, cadre forme violon, uni, en sus des prix du Tarif . . . . 20 fr. »
Le même, sculpté, en sus des prix du Tarif . . . . . 25 »
Baromètre n° 2, forme violon, sculpté, en sus des prix du Tarif . . . . 52 »
Baromètre à variable mobile n° 3, en sus des prix du Tarif. 20 »
Baromètre pour la démonstration (cadran de verre gravé, laissant voir tout le mécanisme) . . . . 56 »

Baromètre pour mesurer la hauteur des montagnes . . . 90 fr. »
Baromètre pour les reconnaissances et les levés de plans . 90 »
Étui en cuir pour le transport en voyage . . . . 12 »
Thermomètre à mercure pour voyage . . . . 10 »
Instruction pour mesurer la hauteur des montagnes (Tables de Radau) . . . . » 25
Baromètres anéroïdes. Tables pour la mesure des altitudes par le baromètre, et tables des hauteurs géographiques. 1 »

Pour toute commande, indiquer l'altitude du lieu.

DIXIÈME PARTIE

APPAREILS & INSTRUMENTS DE PHYSIOLOGIE
DU PROF. MAREY

PHYSIOLOGICAL INSTRUMENTS

PHYSIOLOGISCHE INSTRUMENTE UND APPARATE
VON PROF. MAREY

La plupart de ces appareils ont reçu divers perfectionnements depuis l'exécution des dessins ci-après.
The greatest part of these instruments have been improved after the under figures were executed.
DIE MEISTEN DIESER APPARATE HABEN SEIT DER ANFERTIGUNG DER FOLGENDEN FIGUREN MANNICHFACHE VERVOLLKOMMNUNGEN ERFAHREN

Sphygmographe avec étui en maroquin (fig. 1). 150 00
Papier glacé préparé en bandes pour le sphygmographe, un
   paquet de mille bandes. 10 00

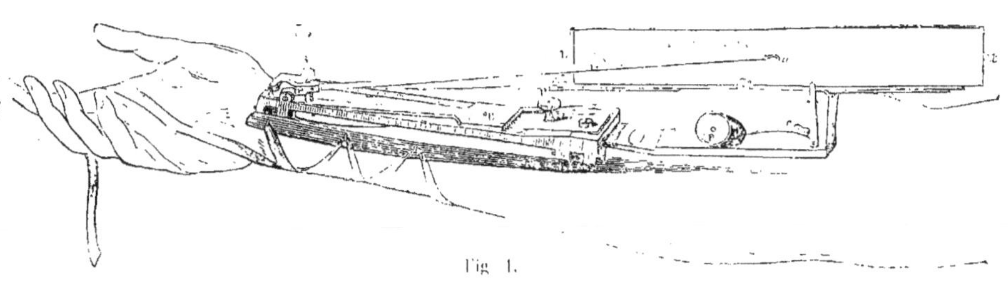

Fig. 1.

Sphygmograph in morocco case. . . . .   £ 5. 4. 0
Prepared paper for said inst. per 1,000 bands. 0. 8. 0
SPHYGMOGRAPH MIT MAROQUIN ETUI (FIG. 1). . . . .   52 fl. 00 kr.
PRÄPARIRTES GLANZPAPIER FÜR DEN SPHYGMOGRAPHEN, EIN
   PACKET VON TAUSEND STREIFEN.   4   00

Les formes du pouls obtenues au moyen de cet appareil sont d'une extrême variété, comme on peut en juger par les types ci-joints (fig. 2, 3, 4, 5).

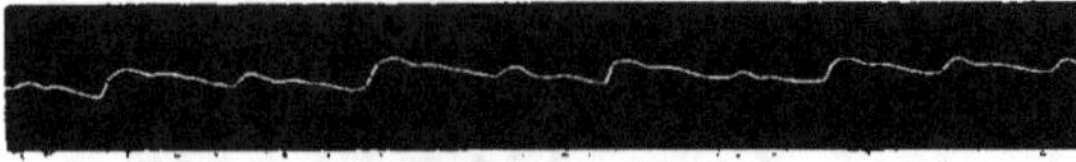

Fig. 2. Insuffisance mitrale.
Insuffizienz der Mitral Klappe.

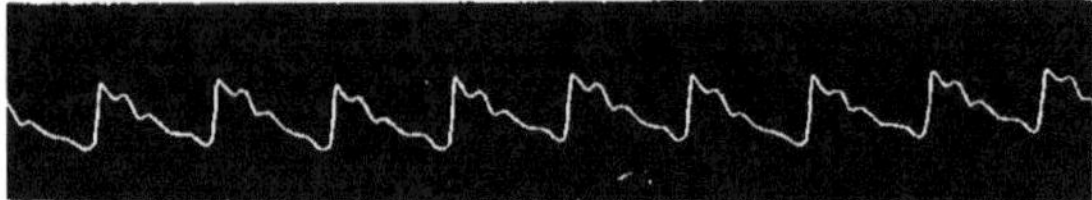

Fig. 3. Colique de plomb.
Bleikolik.

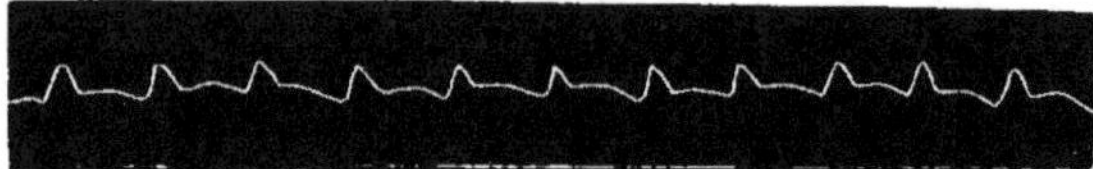

Fig. 4. Emphysème pulmonaire.
Lungenemphysem.

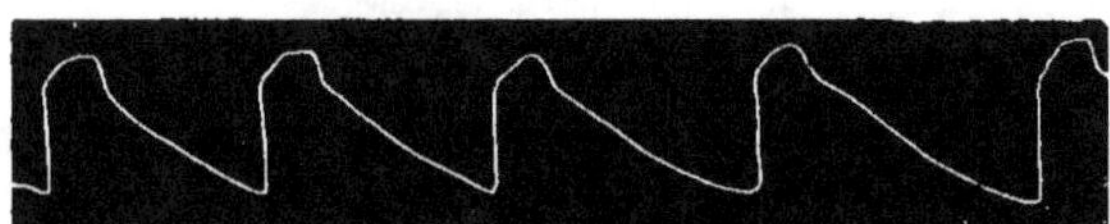

Fig. 5. État sénile des artères.
Seniler Zustand der Arterien.

The figures of pulsations obtained by means of this instrument offer great variety, as may be seen by the above specimens.

Die Formen der mittelst dieses Apparates erhaltenen Registrirungen sind ungemein verschieden, wie man aus Figuren 2, 3, 4, 5, ersehen kann.

Tambour à levier avec tube et soupape.	50 00
Pied pour ledit.	10 00
Lever drum (fig. 6) with tube and valve.	£ 2. 0. 0
Stand for same..	0. 8. 0
Hebeltrommel mit Röhre und Ventil	20 fl. 00 kr.
Fuss hiezu.	4 00

Le Tambour à levier (fig. 6) sert à enregistrer tous les mouvements qui lui sont transmis par les divers appareils explorateurs. La pointe de son levier écrit sur toute espèce de surfaces : sur le papier glacé avec l'encre ordinaire, et sur le papier ou le verre enfumés, avec une pointe sèche.

The drum lever is used to register all motions which it receives from the different explorating apparati. The point of the lever traces on any kind of surface; on common paper with ordinary ink; on smoked glass or paper with a dry point.

DIE HEBELTROMMEL (FIG. 6) DIENT ZUM REGISTRIREN ALLER BEWEGUNGEN DER VERSCHIEDENEN UNTERSUCHUNGS APPARATE. DIE SPITZE IHRES HEBELS SCHREIBT AUF JEDE ART VON FLÄCHEN : AUF DAS GLASIRTE PAPIER MIT GEWÖHNLICHER TINTE, UND AUF BERUSSTES PAPIER ODER GLAS MIT EINER TROCKENEN SPITZE.

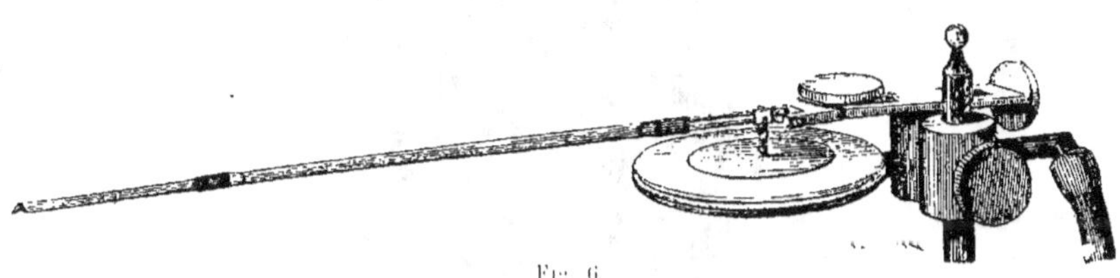

Fig. 6.

Appareil de vérification de Donders 90 0
Enregistreur universel (avec régulateur Foucault), composé de :

    Cylindre avec régulateur. 600 00
    Chemin de fer. . . . . } (fig. 14). 580 00
    Chariot automoteur. }

Universal Recorder (with Foucault's governor), consisting of :

    Cylinder and governor (fig. 12). . . . . £ 24. 0. 0
    Guide rails. . . . . . . } (fig. 14).. . . . . 15. 4. 0
    Self moving chariot.. }

UNIVERSAL REGISTRIR APPARAT MIT FOUCAULT'SCHEM REGULATOR, BESTEHEND AUS :

    EINEM CYLINDER MIT REGULATOR (FIG. 12). . . . . . . 240 fl. 00 kr.
    DEM AUTOMOTORISCHEN WAGEN. } (FIG. 14). 152   00
    DER EISENBAHN . . . . }

Dans la disposition nouvelle, le cylindre peut s'adapter sur les différents axes du moteur et tourner avec trois vitesses différentes ; en outre, il peut prendre la position verticale, ce qui est indispensable pour certaines expériences.

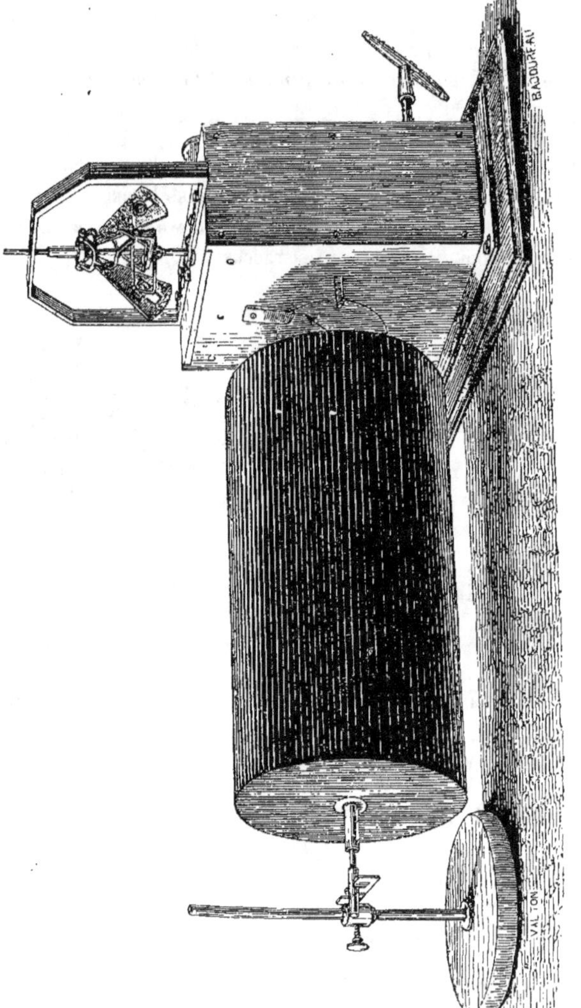

Fig. 12.

Bei der neuen Einrichtung ist der Cylinder so eingerichtet, dass er an den verschiedenen Achsen des Motors angebracht werden kann; ausserdem kann er in die verticale Lage gebracht werden, was für gewisse Untersuchungen nothwendig ist.

In the new instruments, the cylinder may be moved by the various axles of the clockwork and consequently may revolve with three different speeds. It may be placed vertical, what is necessary for some experiments.

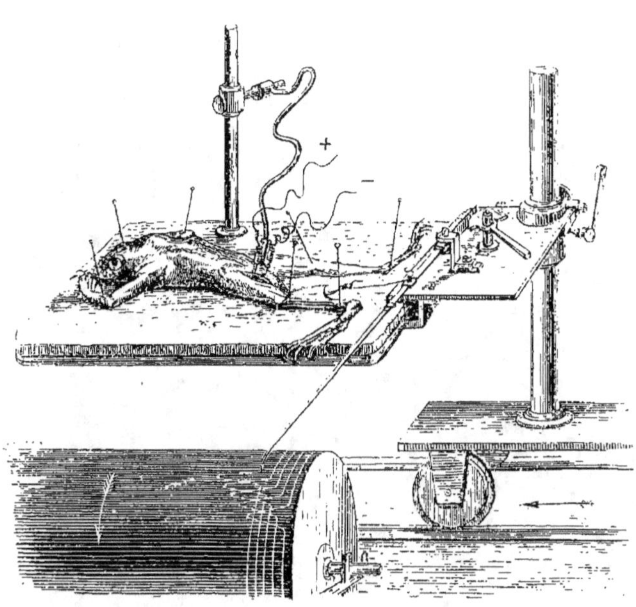

Fig. 11.

Grand enregistreur universel avec régulateur de Villarceau.   2000 00
Large universal recorder with Villarceau's governor. . .   £ 80. 0. 0
GROSSES UNIVERSAL REGISTRIR APPARAT MIT VILLARCEAU'SCHEM

REGULATOR. . . . . 800 fl. 00 kr.

Enregistreur simple, avec régulateur à lame tournante de

Hughes. 500 00
Simple recorder, with a vibrating spring as a governor. .   £ 12. 0. 0
EINFACHER REGISTRIRAPPARAT MIT HUGHES'SCHEM REGULATOR.   120 fl. 00 kr.

Polygraphe avec 1 seul tambour (fig. 11). 570 00
Polygraph (fig. 11) with one leverdrum. . . . .   £ 25. 0. 0
POLYGRAPH MIT 1 TROMMEL. . . . . 250 fl. 00 kr.

Un mouvement d'horlogerie fait défiler une longue bande de papier
enroulée sur une bobine. Un ou plusieurs tambours à levier écrivent les
mouvements qui leur sont transmis.

*A clockwork moves a long band of paper enroled on a reel. One or
several leverdrums trace any motion communicated to them.*

EIN UHRWERK LÄSST EINEN LANGEN PAPIERSTREIFEN, DER AUF EINE ROLLE
AUFGEWICKELT IST, ABLAUFEN. EINE ODER MEHRERE HEBELTROMMELN SCHREIBEN
DIE AUF SIE ÜBERTRAGENEN BEWEGUNGEN AUF.

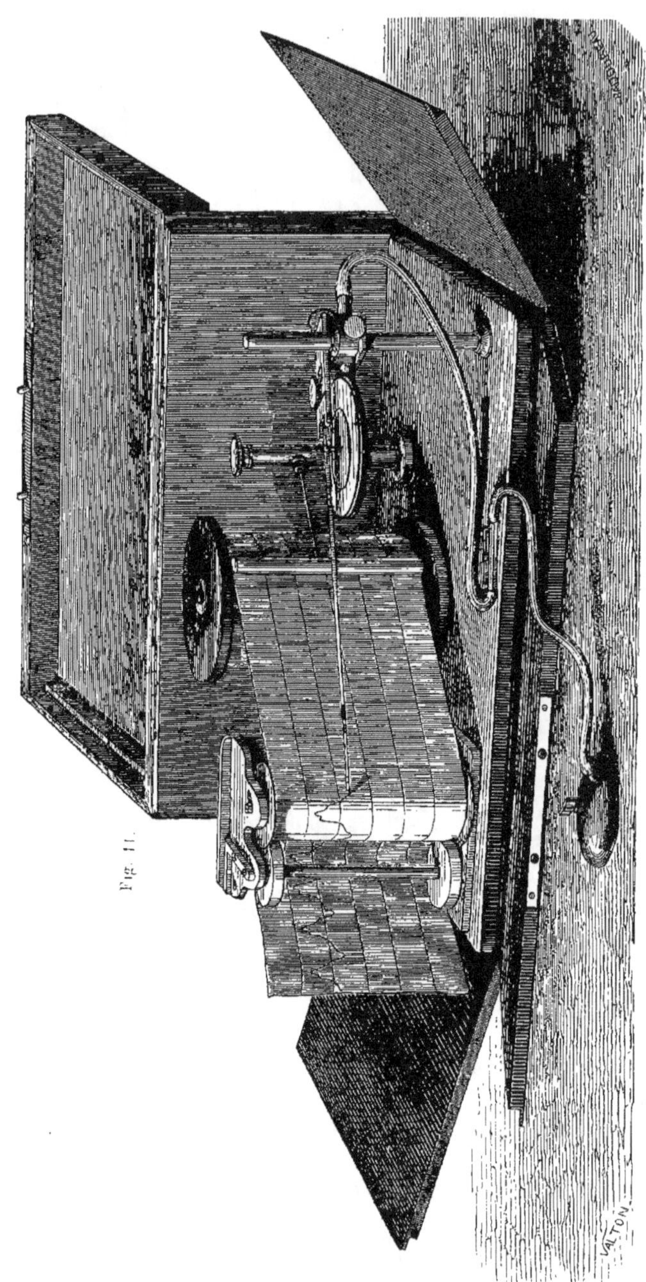

Fig. 11.

Appareil pour les projections optiques.   340
Diapason à 100 vibrations doubles par seconde. 70 00
Tuning fork making 100 vibrations per second. . . . . .   £ 2. 16. 0
Sᴛɪᴍᴍɢᴀʙᴇʟ ᴠᴏɴ 100 V. D. . . . .   28 fl. 00 kr.

Support pour ledit. 60 00
Stand for the same. . . . .   £ 2. 8. 0
Fᴜss ʜɪᴇᴢᴜ. . . . .   24 fl. 00 kr.

Chronographe électrique de Marey. . . . .
Marey's electric chronograph. . . . .
Mᴀʀᴇʏ's ᴇʟᴇᴋᴛʀɪsᴄʜᴇʀ Cʜʀᴏɴᴏɢʀᴀᴘʜ . . . .

Chronographe de Regnault à bande sans fin. . . . .
Regnault's chronograph with endless paper. . . . .
Rᴇɢɴᴀᴜʟᴛ's ᴄʜʀᴏɴᴏɢʀᴀᴘʜ ᴍɪᴛ Pᴀᴘɪᴇʀ ᴏʜɴᴇ Eɴᴅᴇ . . . . . .

Un interrupteur à diapason fait marcher un diapason à l'unisson, qui
inscrit les 50ᵉˢ, les 100ᵉˢ ou les 60ᵉˢ de secondes entre deux pointes électriques, destinées à marquer les signaux. L'appareil qui sert à dérouler les
bandes de papier noircies peut être remplacé par un cylindre quelconque.
Un appareil spécial sert à enfumer les rouleaux de papier.

    L'appareil complet, avec une paire de diapasons de 50
ou de 60 ou de 100 v. d. 850 00

    Deux diapasons de 100 v. d., l'un interrupteur, l'autre
soumis à un électro-aimant, appareil propre à inscrire les
100ᵉˢ de seconde.. . . . .   250 00

Interrupteur électrique rotatif (fig. 15). 120 00
Rotating electric breaker. . . . .   £ 4. 16. 0
Rᴏᴛɪʀᴇɴᴅᴇʀ ᴇʟᴇᴋᴛʀɪsᴄʜᴇʀ Iɴᴛᴇʀʀᴜᴘᴛᴏʀ. . . . .   48 fl. 00 kr.

Cet appareil reçoit son mouvement de la rotation du cylindre; il ne
transmet à l'animal que des courants induits de rupture dont les effets
sont comparables entre eux. Cet interrupteur permet seul d'imbriquer les
secousses musculaires dans un tracé, de façon qu'elles ne se confondent
pas entre elles et que l'expérience puisse se prolonger pendant très-
longtemps.

Dieser Apparat erhält seine Bewegung durch die Rotation des Cylinders und überträgt auf das Thier blos die inducirten Öffnungsströme, deren Wirkungen mit einander vergleichen werden können. Dieser Inter-

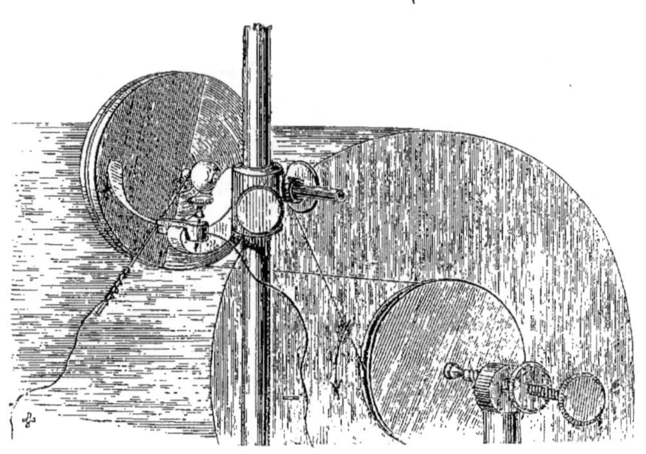

Fig. 15.

ruptor gestattet allein die Muskelstösse ohne Confusion zu registriren, und lässt sich damit der Versuch längere Zeit hindurch fortsetzen.

Sphygmoscope. 10 00
Sphygmoscope. . . . . £ 0. 8. 0
Sphygmoskop. 4 fl. 00 kr.

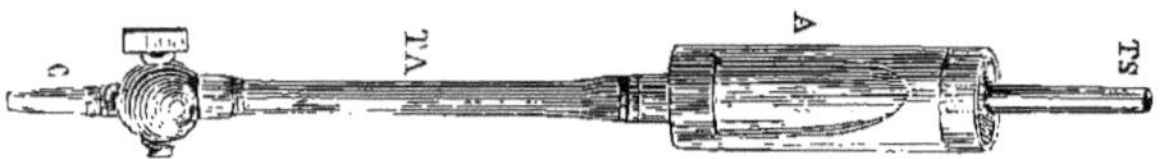

Fig. 7.

Le sphygmoscope (fig. 7) se met en rapport par son robinet C avec l'artère, et par le tube terminal TS avec le tambour à levier.

The sphygmoscope communicates by the cock C with the artery and by the tube TS with the Leverdrum.

Das Sphygmoskop (fig. 7) wird durch seinen Hahn C mit der Arterie und durch das Rohr TS am anderen Ende mit der Hebeltrommel in Verbindung gesetzt.

Cardioscope (fig. 8) avec tube et soupape. 55 00
　　Appareil explorateur de la pulsation du cœur chez
l'homme et les animaux. . .

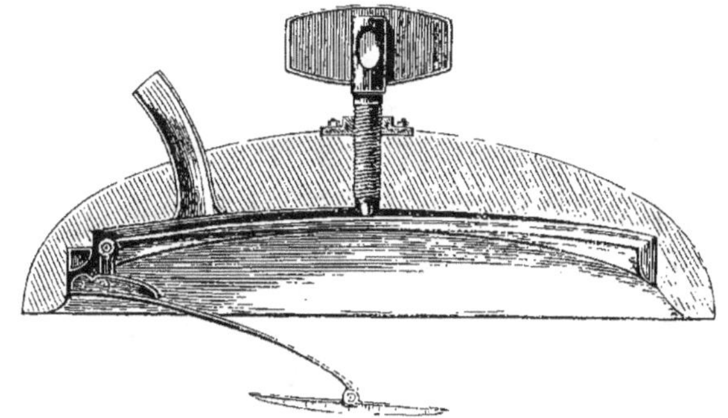

Fig. 8 Coupe de l'appareil
Section of cardioscope.
Durchschnitt des Apparates

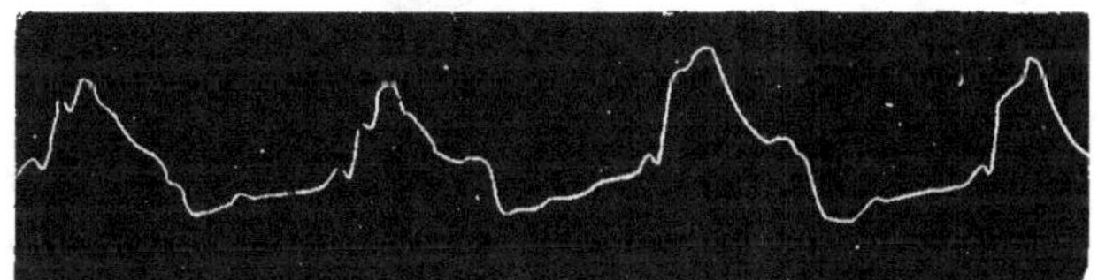

Fig. 9 Tracé du battement du cœur de l'homme
Tracing of pulsation of human heart.
Registrirung des Herz-schlags beim Menschen

Cardioscope with tube and valve. . . . .   £ 1. 8. 0
　　*Exploring apparatus; applied to the beating of heart,
both in man and in animals.*
Cardioskop mit Röhre und Ventil. . . . .   14 fl. 00 kr.
　　Untersuchungs Apparat für den Herzschlag beim Mens-
chen und den Thieren.

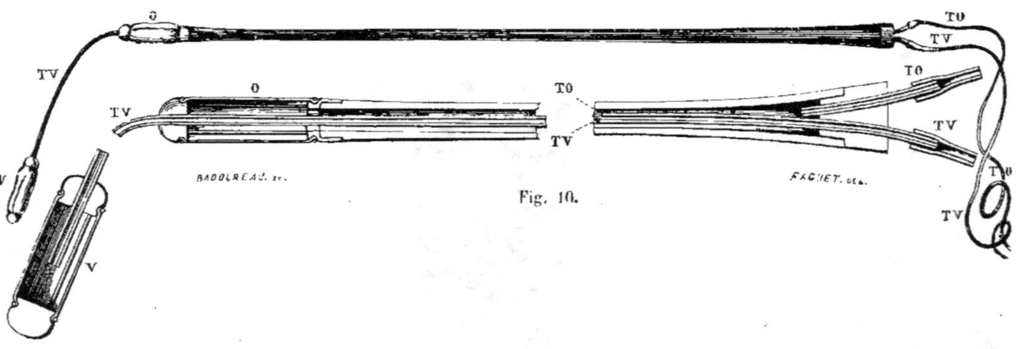

Fig. 10.

1° Sonde cardiaque droite (fig. 10), destinée à pénétrer dans le cœur droit par la veine jugulaire et à transmettre aux leviers les mouvements de l'oreillette et du ventricule droits;

2° Une sonde analogue pénétrant dans le cœur gauche par la carotide, sonde cardiaque gauche;

5° Une ampoule destinée à percevoir les pressions négatives dans les cavités du cœur.

1. SONDE FÜR DAS RECHTE HERZ (FIG. 10) BESTIMMT UM DURCH DIE JUGULARVENE IN DAS RECHTE HERZ EINZUDRINGEN UND DIE BEWEGUNGEN DES RECHTEN HERZOHRES UND·DER RECHTEN VENTRIKEL AUF DIE HEBEL ZU ÜBERTRAGEN.

2. EINE ANALOGE SONDE, DIE IN DAS LINKE HERZ DURCH DIE CAROTIDEN EINDRINGT; SONDE FÜR DAS LINKE HERZ.

3. EINE AMPULE, DIE DAZU BESTIMMT IST, DIE NEGATIVEN DRUCKE IN DEN HERZHÖHLUNGEN AUFZUNEHMEN.

Sonde cardiaque droite.	50 00
— gauche.	6 00
Ampoule pour les pressions négatives.	5 00
Étui.	15 00

Right cardiacal probe. . . . . £ 2. 0. 0
Left 0. 4. 0
Blister for negative pressure. 0. 4. 0
Morocco case. 0. 12. 0
Sonde für das rechte Herz. . . . . 20 fl. 00 kr.
— — linke — 2 00
Ampule für die negativen Drucke 2 00
Maroquin etui. 6 00

Appareil cardiographique de MM. Chauveau et Marey.
Cardiographical apparatus by Chauveau and Marey.
Cardiographischer Apparat von Chauveau und Marey.

Cet appareil, destiné aux expériences de cardiographie
sur les grands animaux, se compose de :

Trois tambours à leviers montés sur un pied. . . . 160 00
Les sondes cardiaques et ampoule. 60 00
Un explorateur de la pulsation du cœur. 55 00
et d'un enregistreur quelconque pour recevoir les tracés,
c'est-à-dire un Kymographion de Ludwig, un Polygraphe
de Marey (fig. 11) ou un cylindre enregistreur (fig. 12).

Dieser Apparat, der für cardiographische Untersuchungen an den grossen Thieren bestimmt ist, besteht aus :
Drei auf einen Fuss montirten Hebeltrömmeln. . . 64 fl. 00 kr
Den Herz sonden und Ampule. 24 00
Einem Untersuchungsapparat für den Herzschlag. . 14 00
und einem Registrir apparate, sey dies das Kymographion
von Ludwig, oder ein Polygraph von Marey (fig. 11), oder
ein mit einem Foucault'schem Regulator versehener cylinder (fig. 12).

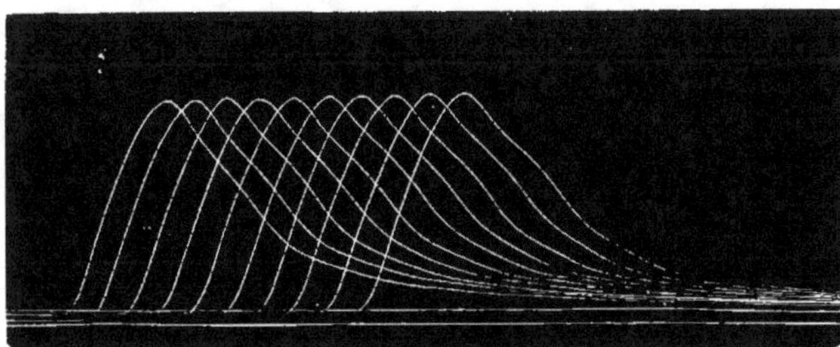

Fig. 15. Tracés du myographe simple imbriqués latéralement.
Tracings of single Myograph.
Registrirungen des einfachen Myographen

Myographe simple 120 00
Single myograph. . . . . £ 4. 16. 0
Einfacher Myograph. . . . . 48 fl. 00 kr.

Cet appareil écrit sur le cylindre tournant placé horizontalement comme dans la figure 14.

Dieser Apparat schreibt auf den horizontal gestellten rotirenden Cylinder, wie dies die Figur 14 zeigt.

Myographe double, ou comparatif (fig. 16). 150 00
    Destiné à étudier simultanément l'action de deux muscles soumis à des influences différentes.

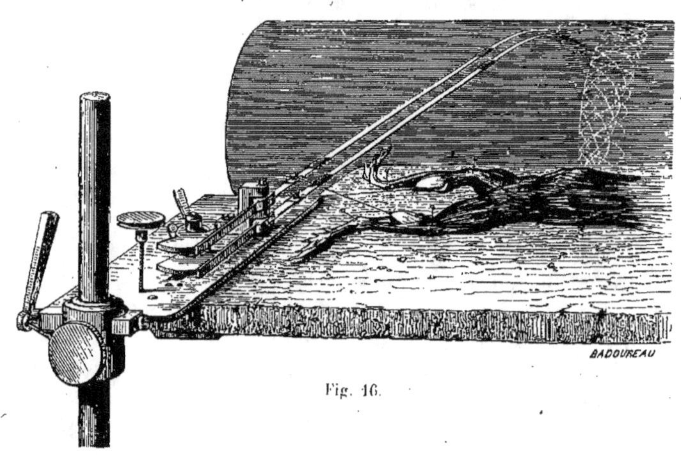

Fig. 16.

Double or comparative Myograph. . . . .   £ 5. 4. 0
Doppelter oder vergleichender Myograph. . . . .   52 fl. 00 kr.
    Dient zum gleichzeitigen Studium der Wirkung zweier Muskeln, die verschiedenen Einflüssen unterworfen sind.

Pince myographique, nouveau modèle (fig. 17) 70 00
Myographic Pincers. . . . .   £ 2. 16. 0
Myographische Zange. . . . .   28 fl. 00 kr.

Appareil explorateur de la respiration, nouveau modèle, transmettant les mouvements respiratoires à un tambour à levier (fig. 18 et 19). 50 00
Explorator of the respiratory motion, new model. . . . . .   £ 2. 0. 0
Untersuchungs Apparat für Respiration, neues Modell, wobei die athmungsbewegungen auf eine Hebeltrommel übertragen werden. . . . .   20 fl. 00 kr.

Stéthoscope de Kœnig, à 1 tube 12 50
    —   à 5 tubes 22 50

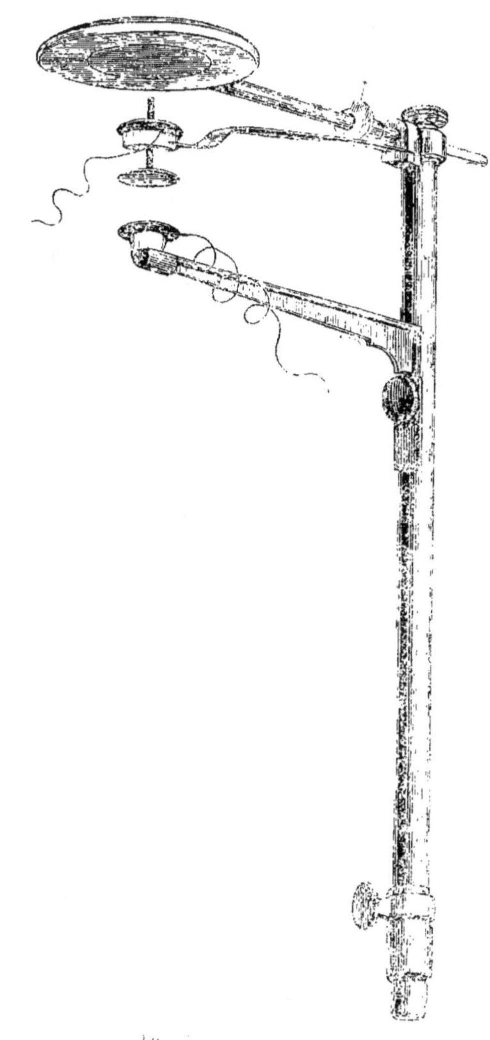

Appareil explorateur de l'action musculaire sur l'homme et les animaux. Le mouvement se transmet à un tambour à levier qui l'enregistre.

DIESER APPARAT DIENT ZUR UNTERSUCHUNG DER MUSKULWIRKUNG AM MENSCHEN UND AN DEN THIEREN. DIE BEWEGUNG WIRD AUF EINE HEBELTROMMEL ÜBERTRAGEN, WELCHE SIE REGISTRIRT.

Kœnig's Stethoscope, with one tube . . . . £ 0. 10. 6
    —   with five tubes . . . . £ 0. 18. 0
Stethoskop von Kœnig mit 1 Röhre . . . . fl. 00 kr.
               mit 5 Röhren 9 00

Hémodromographe à transmission directe, de Chauveau. .   300 00
Hémodromographe à transmission à distance, de Chauveau.   150 00
Hemodromograph mit directer Übertragung, von Chauveau. 120 fl. 00 kr.
Hemodromograph mit Übertragung in die ferne, von Chau-
veau..   60   00

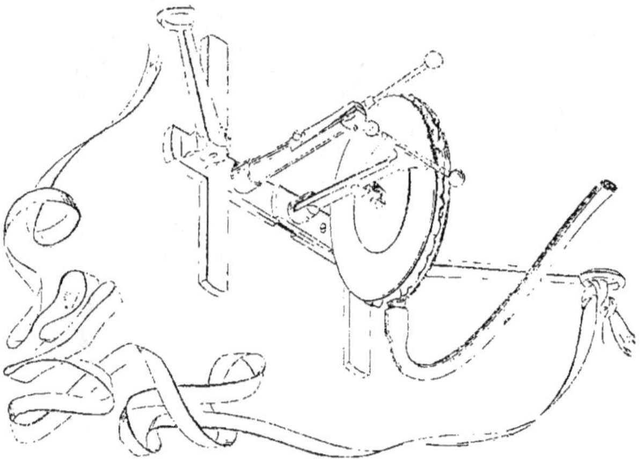

Fig. 18.

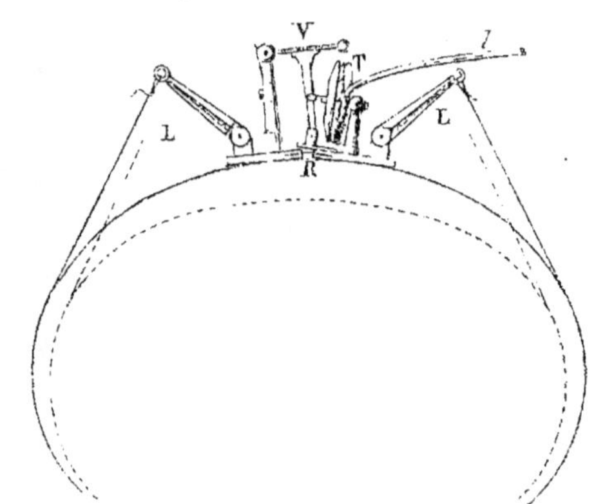

Fig. 19.

BIBLIOGRAPHIE

Physiologie médicale de la circulation du sang, par le D* Marey. — Paris, 1863,
Adrien Delahaye, place de l'École-de-Médecine.

Sur le Pouls dans les maladies, par le D* Lorain. — Paris, J.-B. Baillière, 1869.

On the Use of the Sphygmograph, by Balthazar Foster. — London, John Churchill
and Sons.

Ueber den Sphygmograph, von D* Marey. — Wunderlich (Wagner's Arch. der Heil-
kunde, 1861, Band II).

La Circulation du sang, dans le Dictionnaire encyclopédique des sciences médicales.
Paris, Victor Masson.

Cardiographie. — Même Dictionnaire.

Pneumographie. — Journal de l'anatomie et de la physiologie, 1865, Paris.

Arterienpuls, von Landois.

Les Mouvements dans les fonctions de la vie. Leçons faites au Collège de France
en 1868, par M. Marey. — Paris, Germer-Baillière.

La Machine animale, par M. Marey. — Paris, Germer-Baillière, 1875.

ONZIÈME PARTIE

INSTRUMENTS DIVERS

INSTRUMENTS DE PHYSIQUE

ÉLECTRO-DYNAMIQUE

Support pour les expériences d'Ampère.
    Équipages mobiles :
Courant circulaire mobile,
Courant carré mobile.
Courant double, astatique mobile.
Solénoïde mobile.
    Courants fixes :
Cadre oblong avec son pied.
Courant moitié rectiligne et moitié sinueux,
Solénoïde (bobine à tenir à la main).
    La série complète. 125 00

Appareil du Dr Roget (attraction des courants parallèles),
    tout semblable d'aspect au thermomètre Breguet. . . .   50 00
Appareil à rotation (fondé sur l'attraction des courants pa-
    rallèles). 50 00

PILES SECONDAIRES DE PLANTÉ

PLANTÉ'S SECONDARY BATTERIES

PLANTÉ'SCHE SECUNDÄRE BATTERIEN

Petit élément secondaire; surface active de plomb, 8 décimètres carrés. 15 00

Grand élément secondaire; surface active, 40 décimètres
carrés (fig. 200). . . . .   35˙00

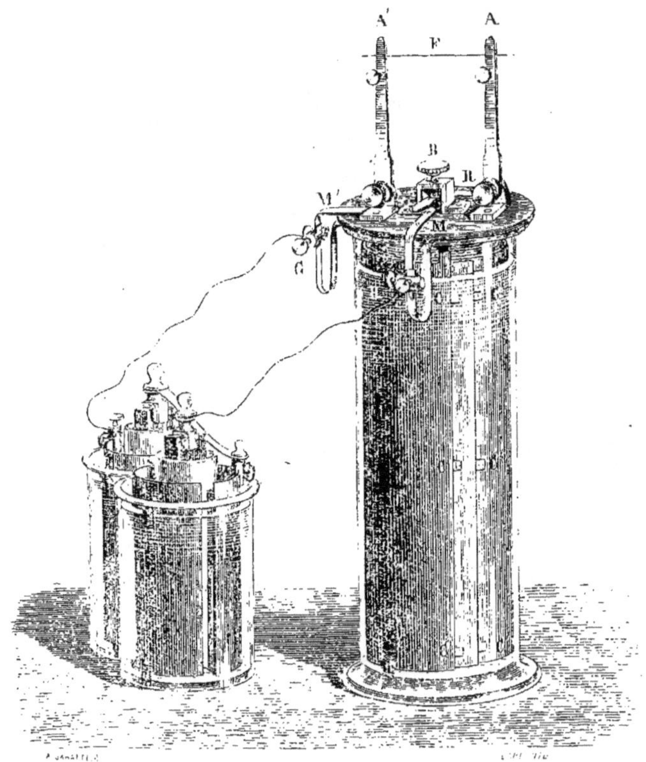

Fig. 200.

Pile secondaire de 20 éléments, petit modèle, avec commutateur pour les associer tous en quantité ou tous en tension (fig. 201). 250 00

*Planté's secondary cell, small size, surface of lead 8
square decimeters.* . . . .   £ 0. 12. 0

*Planté's secondary cell, large size (fig. 200), surface of
lead 40 square decimeters.* 1 8 0
*Planté's secondary battery, of 20 small-sized cells, with
commutator to join them all in tension or in quantity
(fig. 201).* 10 0 0

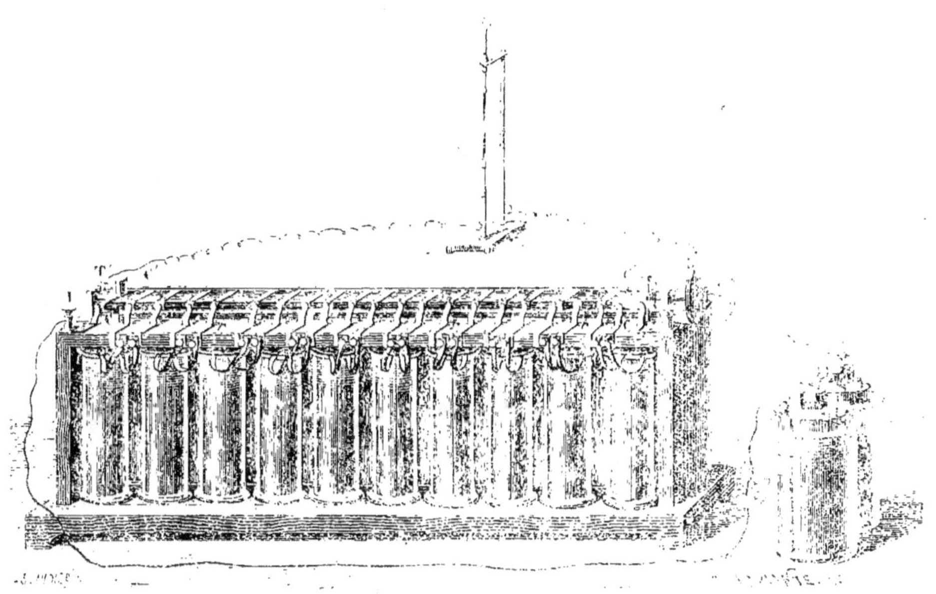

Fig. 201.

PLANTÉ'SCHES SECUNDÄRES ELEMENT, KLEINES MODELL, FLÄ-
CHENMASS 8 QUADRAT DECIMETER. . . . . 6 fl. 60 kr.
PLANTÉ'SCHES SECUNDÄRES ELEMENT, GROSSES MODELL, FLÄ-
CHENMASS 40 QUADRAT DECIMETER. . . . . 13 ··
PLANTÉ'SCHE BATTERIE VON 20 KLEINEN ELEMENTEN MIT COM-
MUTATOR. . . . . 160 ··

Cette pile, chargée avec deux éléments Bunsen ou avec une machine Gramme de moindre
grandeur, permet de faire toutes les expériences de la physique pour lesquelles on emploie
habituellement des piles d'un grand nombre d'éléments, expériences de magnétisme,
expériences à faire avec de puissants barreaux d'acier et des expériences de thermo-électri-
que, etc., etc...

À la vérité, ces expériences ne peuvent être prolongées que quelques minutes, après
quoi la pile a besoin d'être rechargée ; mais la plupart des phénomènes peuvent être étudiés
ou démontrés dans ce court espace de temps.

APPAREILS D'INDUCTION VOLTAÏQUE

Bobines d'induction :

N° 0, donnant des étincelles de 7^{mm}.		24 00
N° 1, — 10 à 12^{mm}.		50 00
N° 2, — 25 à 28^{mm}.		100 00
Le même, avec commutateur inverseur.		115 00
N° 3, donnant des étincelles de 50 à 55^{mm}.		200 00
Le même, avec interrupteur à mercure.		250 00
N° 4, donnant des étincelles de 90 à 100^{mm}.		500 00
Le même, avec interrupteur à mercure.		550 00
N° 5, donnant des étincelles de 14 à 15^{cm}.		450 00
Grandes bobines d'induction.		

AIMANTS FEUILLETÉS, SYSTÈME JAMIN, BREVETÉS S. G. D. G.

DE GRANDEURS ET DE FORMES VARIÉES.

PHYSIQUE MÉCANIQUE

Petit appareil de Morin pour étudier les lois de la chute des corps, le mouvement accéléré, le mouvement retardé et le mouvement uniforme. . . . .

Appareil enregistreur pour ledit. . . . .

Diapason et pied pour mesurer le temps dans ces expériences.

Appareil pour étudier la chute des corps, composé d'un simple diapason tombant, inscrivant ses vibrations sur une glace enfumée. . . . .

Appareil pour étudier le mouvement du pendule au moyen du diapason. . . . .

Appareil pour étudier la propagation du son dans les tuyaux.

Enregistreur et chronographe comme ci-dessus. . . . . .

Appareil pour étudier la propagation du son dans le caoutchouc. . . . .

Appareil pour étudier la propagation des vibrations transversales dans les fils métalliques. . . . .

DOUZIÈME PARTIE

MACHINES MAGNÉTO-ÉLECTRIQUES

MAGNETO-ELECTRIC MACHINES

MAGNETELEKTRISCHE MASCHINEN

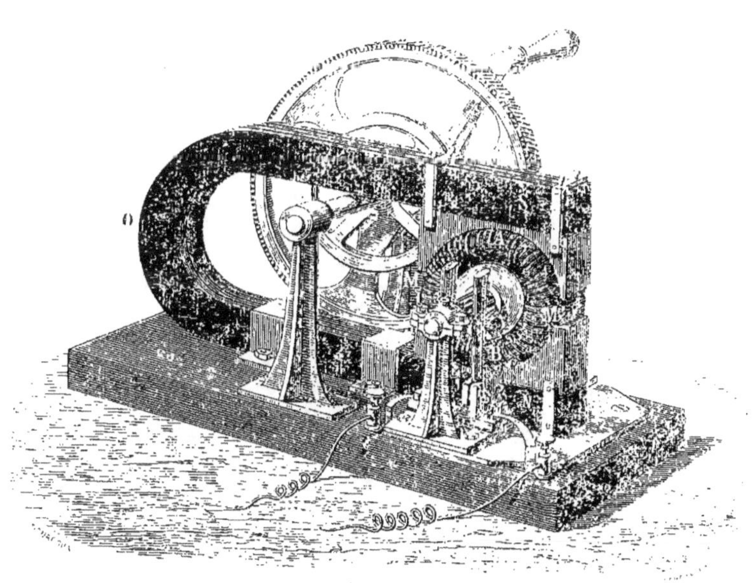

Fig. 210.

Gramme's machine, for the laboratory and the lecture table. £ 24. 0. 0

Maschine nach Gramme, für das Laboratorium und für Schulen 240 fl. 00 kr.

Table pour la machine ci-dessus avec volant et pédale. . . 100·00
Machines pour l'industrie, sur commande. . . . . . .

TABLE DES MATIÈRES

1re PARTIE

TÉLÉGRAPHIE

2e PARTIE

APPAREILS DE MESURE

3e PARTIE

SIGNAUX ÉLECTRIQUES DE CHEMINS DE FER

4ᵉ PARTIE

TÉLÉGRAPHIE DOMESTIQUE

5ᵉ PARTIE

6ᵉ PARTIE

7ᵉ PARTIE

APPAREILS POUR L'EXPLOSION DES MINES

8ᵉ PARTIE

9ᵉ PARTIE

10ᵉ PARTIE

11ᵉ PARTIE

INSTRUMENTS DIVERS

12ᵉ PARTIE

PARIS. — IMP. SIMON RAÇON ET COMP., RUE D'ERFURTH, 1.

BREGUET

PARIS

BUREAUX : quai de l'Horloge, 39
MAGASIN D'HORLOGERIE : rue de la Paix, 12
ATELIERS : boulevard Montparnasse, 81

APPLY IN LONDON

To ADAMS and Son, 57, Haymarket, and 41, Marshall street W.

IN EDINBURGH

To Edw. GILBERT, Telegraph Engineer, 4, Princes street.

IN HALIFAX

To Louis J. CROSSLEY, Dean Clough Mills.

MÜNCHEN, PROF. CARL, Physikalische Anstalt.

WIEN, LENOIR,

PARIS. — IMP. SIMON RAÇON ET COMP., RUE D'ERFURTH, 1.